雞胸肉料理研究室

增肌減醣必學！ 74 道鮮嫩多汁料理

中村奈津子

前 言

因為住在加州的關係，健康意識提高，
進而驚覺雞胸肉的美味程度！

老實說，雖然雞胸肉的價格比較便宜，但是還住在日本的時候，
總是覺得雞胸肉的口感柴柴乾乾的，反而比較經常使用雞腿肉。
而對雞胸肉改觀的契機，是2021年移住美國加州橘郡時開始的
變化。一般來說在歐美國家，比起雞腿肉，雞胸肉比較受到歡迎，
獲得口味比較高級的評價。日本人精通魚類料理的美味程度和食
用方法，但是提到肉類料理的話，還是有很多可以向歐美國家取
經的地方。此外，講求健康飲食的外子，絕對是雞胸肉派。我也
就因此認識到更多雞胸肉的美味吃法。

世界上的雞胸肉食譜不勝數，在美國也有雞塊或是肯瓊烤雞、雞
肉沙拉等為數不少的有名食譜。只要是人氣食譜，每一道都很美
味。其中，我最常使用覺得感激的方法是一種濃鹽水法(Brine)
的事前處理方法(參照 P.6)。將雞胸肉泡在鹽、砂糖水中，不需要
太費力就可以完成的簡單方法。只需要藉著這個步驟，就可以讓
雞胸肉軟化，柴柴乾乾的口感從此不再相見。現在只要買回雞胸
肉，一定會使用這個方法事前處理。

此外，雞胸肉清淡的口味，不管是用在日式、西式或中式的調
味，都不違和。搭配起司或是雞蛋，可以做出具有層次的口味，
運用香料蔬菜當成口味的亮點也可以。在加州也住了三年，雞
胸肉食譜也大幅增加。酸豆檸檬雞(Chicken Piccata)和米蘭雞
排(milanese)幾乎是我家的定番料理，每週都會出現。最近惡魔
(Diavola)風的雞肉料理也受到家人的喜愛。如果這本書裡收錄的
食譜，能夠成為各位的心頭好，是我由衷的盼望。

中村奈津子

超市裡陳列著大量的雞胸肉！

加州料理因為顏色繽紛，能夠促進食欲。

雖然是速食，搭配上這個風景就完全合理。

開放的室外飲食空間，雞肉料理也各式各樣。

在我家，經常出現搭配酒的料理。

ONTENTS

1

ENTREES
配菜 & 主食

2

SALADS

簡易雞肉沙拉

3

APPETIZERS

下酒菜

〈 本書的使用標準 〉

・本書的食譜主要是2人份，也有4人份或是方便製作的份量。

・1小匙是5ml，1大匙是15ml，1杯是200ml，米1合是180ml。

・鹽水裡使用的鹽的份量，沒有標示在材料的欄位裡。橄欖油使用的是特級初榨橄欖油。西式湯品、中式湯品，可以分別使用市售的西式高湯或是中華高湯、雞高湯。請根據商品包裝上的標示調整份量。

・薑1片、蒜頭1片，以大拇指的前端大小為標準。蔬菜沒有特別標示的話，請去皮後再調理。

・爐子或是微波爐(本書使用的是600W 的款式)的火候和加熱時間請當成參考的標準。烤箱則是使用瓦斯式烤箱。不管是哪一種調理器具，機種不同都會有所差異，請根據調理的狀態調整。

TIPS FOR COOKING
TENDER CHICKEN BREASTS
讓雞胸肉更美味的訣竅

印象中的雞胸肉，沒什麼味道、柴柴乾乾的口感。
只要稍微掌握訣竅，便可以成就美味。
這裡會介紹事前處理、切法和加熱3種方法。掌握這些方法，就能讓既有的食譜更美味。

<table>
<tr><td>

1

事前處理

</td><td>

雞胸肉的水分很多，容易腐壞，買回家之後馬上調味的話，可以增加保存期限。因為不容易入味，藉著事先醃漬入味的方法，也能增加味道的層次。其中推薦任何一個食譜都適用的方法，即為讓肉質軟化的濃鹽水法。沒有時間的時候，用廚房紙巾包起來也可以。

</td></tr>
</table>

濃鹽水法（Brine）　　`保存OK`

只需要浸泡在鹽、砂糖水裡，就能讓肉質濕潤軟化。雖然需要耗時24個小時，但是作法很簡單，效果絕佳。特別適合使用比較大的肉塊時。濃鹽水法處理過的雞胸肉，烤或炸肉時，需要確實擦乾水分。

適合的食譜

- 雞肉濃湯（P.18）
- 油封雞（P.22）
- 口水雞（P.32）
- 烤雞和烤蔬菜（P.80）

1 將濃鹽水液（2小匙鹽、1大匙砂糖、1杯水）倒入密封夾鏈袋裡，揉捏整個袋體讓鹽和砂糖溶化。
2 將1片雞胸肉（300g）放入袋裡，讓雞肉整體都浸入濃鹽水裡，擠出空氣，放入冰箱冷藏。經過24小時即完成。
- 建議用濃鹽水法處理的食譜，如果沒有經過濃鹽水法的處理，300g的雞胸肉以1/2小匙的鹽事先醃漬調味。

[冷藏保存]

放在冰箱冷藏可以保存約3天，如果保存超過2天以上，需要將濃鹽水先倒掉再保存。

[冷凍保存和解凍]

濃鹽水法的2結束之後，倒掉濃鹽水，放入冰箱冷凍。可以保存約3週左右。解凍的時候，需要前一天先移放到冷藏庫裡。

廚房紙巾包裹法

用廚房紙巾包起來,可以吸取多餘的水分。撒上具有脫水作用的鹽,效果更佳。

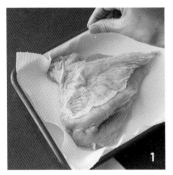

1 將1片雞胸肉(300g)放在廚房紙巾上,在整體撒上1/4小匙的鹽和少許胡椒。
2 再鋪上另一張廚房紙巾,確實按壓,放入冰箱冷藏30分鐘至半天左右。

劃出切口

將雞胸肉的纖維切斷,在表面劃出淺淺的切口。這個切口也可以讓事先放入的調味料更入味。

在雞胸肉的表面整體每間隔2cm畫出淺淺的切口。以切斷纖維的方向畫出切口是訣竅。
・照片中使用的是觀音開(雙開式)(P.9)處理過的雞胸肉。

敲打

用擀麵棍或是堅固的瓶子敲打,破壞雞肉的纖維,可以讓肉質變軟。整塊雞胸肉每一處都敲打。

用擀麵棍在雞胸肉整體敲打。
・照片中使用的是觀音開(P.9)處理過的雞胸肉。

雞胸肉纖維的辨識方法

基本上,雞胸肉的纖維會如右圖的箭頭方向呈現。雖然每一塊雞肉會有個體差異,只要仔細觀察就能掌握纖維的方向。不是所有的料理都需要,但是如果想要讓肉質軟化,請以切斷雞肉纖維的方向切。

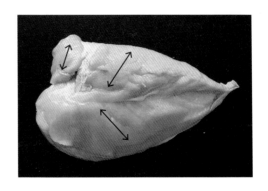

2 切法

如果能針對料理運用不同的切法,不只料理外觀好看,也方便食用,更加美味。雞胸肉的水分很多,很柔軟,因此不容易固定,沒辦法很利索地切肉。特別是處理大塊的雞胸肉時更不容易,因此可以先放入冰箱冷凍30分鐘左右,讓雞肉呈現半冷凍的狀態,肉質稍微變硬一點,切起來會比較輕鬆。

斜削切

像削片一樣的薄切法,容易加熱熟透,是最適合雞胸肉的切法。可以用在燒烤料理或是燉煮料理等。

適合的食譜

· 薑汁雞肉(P.14)
· 奶油雞肉咖哩(P.42)
· 韓式炸雞(P.44)
· 西班牙風醃漬雞肉(P.51)
· 親子丼(P.55)

1 用左手抵住固定雞肉,讓刀子保持傾斜地下刀,像削片一樣地切。
2 根據料理的需求調整尺寸和厚度。以切斷纖維的方式切,可以創造柔軟的肉質。

大薄片切

切成大塊的話,適合當成主菜的尺寸。先將雞胸肉半冷凍過,狀態變硬之後會比較好切。

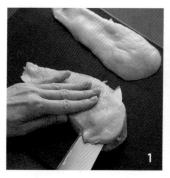
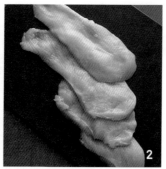

適合的食譜

· 義式雞排(P.20)
· 雞肉紫蘇梅串炸(P.92)

1 將雞胸肉放入冷凍庫約30分鐘左右,使其呈現半冷凍的狀態。柔軟的雞肉會變硬,比較方便操作。從雞胸肉的邊端斜斜地下刀,一邊讓刀子橫向移動,切成大面積的薄片。
2 切成4大薄片的狀態。

條狀切

切成1cm×1cm的長條狀。長度可以根據料理調整，5～6cm是最方便食用的長度。

適合的食譜

· 炸雞柳條(P.84)

直向地切成1cm寬，再將厚度切成1cm寬。根據料理的需求切成適合的長度。

小塊切

切成1cm見方的方塊。切成小塊，就可以切斷纖維，讓肉質變軟，也很容易和料理相融在一起。

適合的食譜

· 雞肉飯(P.29)
· 腰果炒雞肉(P.39)

切成1cm見方的條狀（如左圖），再切1cm寬的骰子狀。

觀音開切（對開式）

像觀音開的門一樣，從中間下刀，往左右兩邊切開。可以切出整體保持均一、薄薄的厚度。

適合的食譜

· 米蘭雞排(P.25)
· 基本款煎雞肉(P.68)
· 義大利比薩式番茄雞肉排(P.95)

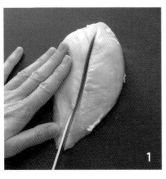
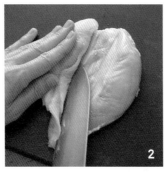

1 將雞胸肉根據料理的需求去皮，直向地放在砧板上，在中間直向下刀，不要切到底。
2 從1的切口，將刀子斜斜地往左側下刀，以削片的方式切開。
3 將雞胸肉上下反向，另一側也以相同方式切開。
4 觀音開切好的狀態，呈現均一、薄薄的厚度，展開的樣子。

<table>
<tr><td>

3
加熱

</td><td>

雞胸肉變硬變乾柴的主要原因，通常是加熱過度。想要做出柔軟的肉質狀態，需要掌握適當的溫度，用餘溫加熱是重點。為了讓整體的加熱狀態一致，使用一整片雞胸肉的時候，需要將厚一點的部分展開，讓整體都呈現相同的厚度之後再加熱，請不要忘記。

</td></tr>
</table>

油炸

從炸油撈起雞胸肉之後，餘溫還是會持續加熱，因此，油炸的時候不要過度加熱。

適合的食譜

- 炸雞塊（P.16）
- 油淋雞（P.34）
- 日式炸雞（P.50）
- 炸雞柳條（P.84）

1　油炸至8分熟左右，撈起雞胸肉。撈起的時候，切面還殘留有少許粉紅色部分的程度無妨。

2　放在油炸瀝網上，放到可以食用的熱度為止，讓餘溫持續加熱。

油煎

頻繁地翻面油煎。翻面的那一側用餘溫加熱，反覆操作這個步驟的話，可以煎出柔軟肉質的雞胸肉。

適合的食譜

- 薑汁雞肉（P.14）
- 惡魔風雞肉（P.21）
- 雞肉凱薩沙拉（P.56）
- 基本款煎雞肉（P.68）

1　鍋裡倒入適量的沙拉油，再放入雞胸肉以中火加熱，煎約2分鐘後翻面。
　・照片裡的雞胸肉是有裹上低筋麵粉，和蒜頭一起煎的狀態。

2　再翻面3～4次，每次煎約1分鐘，煎至上色。

水煮

建議使用濃鹽水法(P.6)處理過的雞胸肉。接著水煮，讓加熱時間縮短，利用餘溫加熱，可以鎖住雞胸肉的鮮美成分。

1 將2片（600g）的雞胸肉厚一點的部分切開成均一的厚度。將雞肉放入鍋裡，倒入可以蓋過雞肉的水量，放入適量的長蔥（綠色部分）和薑皮，取出雞肉。開大火，煮沸之後，將雞肉放回去，調成小火，落蓋，煮2～3分鐘。

2 熄火，上蓋，靜置至稍微降溫為止，讓餘溫繼續加熱。如果有浮沫就撈除，取出長蔥，連著水煮的湯汁放入容器裡，收進冰箱冷藏，可以保存約3天。水煮的湯汁也可以當成湯品利用（P.46）。

微波爐蒸煮

建議使用濃鹽水法(P.6)處理過的雞胸肉當成沙拉用雞肉，不論日式還是西式料理，可以利用的範圍很廣。

1 將2片(600g)雞胸肉厚一點的部分切開成均一的厚度。一次處理1片雞胸肉。將1片雞胸肉放入夾鏈式保存袋（加熱用），再放在耐熱容器上。以微波爐加熱約4分鐘。加熱過程中翻面1～2次。取出靜置降溫，讓餘溫繼續加熱。另1片雞胸肉也以相同方式操作。

2 擠出保存袋的空氣，連著蒸煮的湯汁放入冰箱冷藏。可以保存約3天。

油封

建議使用濃鹽水法(P.6)處理過的雞胸肉。用大量的油充分燉煮，濕潤的狀態可以長時間保存。

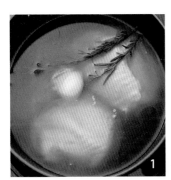 

1 將2片（600g）的雞胸肉厚一點的部分切開成均一的厚度。將雞肉放入鍋裡，放入可以蓋過雞肉的橄欖油（或是沙拉油），放入1枝迷迭香、1片蒜頭、少許的鹽和胡椒，開大火。快要煮沸之前，調成極小火，煮20分鐘。途中如果橄欖油不足，可以添加再煮。熄火，靜置降溫。

2 將橄欖油補足至可以讓雞肉完全浸泡在裡面。上蓋，連著鍋子放入冰箱冷藏，可以保存約1週。

1

配菜
&
主食

清淡無味的雞胸肉，根據不同的調味，可以變化出各式各樣的料理。這個章節會介紹可以當成餐桌主角的主菜，以及飯類或是義大利麵等主食。不管美式或是歐洲的食譜，日式、中式甚至是韓國、異國風味，在這個章節都各自嚴選出大家會喜歡的、雞胸肉可以做出的美味料理，不只可以當成每天的配菜食用，用來招待客人也很適合。每一道都是在家可以方便製作的料理，請一定要試著做看看喔！

GINGER CHICKEN
薑汁雞肉

以醬油為基底的鹹甜調味，非常下飯，
任何人都會喜歡的一道料理。
切成大薄片的雞胸肉，
事先將醬汁揉進肉裡調味，
煎的時候最後再淋上醬汁，
讓雞肉確實入味。

材料（2人份）

雞胸肉 *　1片（300 g）

A　薑汁　1大匙
　　醬油、味醂　各1大匙
　　砂糖、酒　各2小匙

太白粉　1大匙

沙拉油　1大匙

櫛瓜　1/3條

紅、黃椒　各1/3顆

* 廚房紙巾包裹法（P.7）處理過的雞胸肉

1　將雞胸肉切斷纖維地削切成約10片大一點的雞肉片。將 A 的材料混合，和雞肉揉捏入味。將櫛瓜切成1/4的一口大小。紅、黃椒切成一口大小。

2　將雞肉裡的 A 調味料瀝乾（瀝下的 A 留著備用），裹上太白粉（POINT 1）。

3　將沙拉油倒入平底鍋，開中火加熱，放入雞肉，加熱至約7分熟為止，翻面繼續煎（POINT 2）。加入2保留的醃雞肉醬汁 A，煎至雞肉都確實上色入味，即可盛盤。

4　直接用同一個平底鍋，以中火煎櫛瓜和椒類，再盛在雞肉旁邊。

照片裡也有包含
沾裹用的太白粉。

MEMO

- 調味的關鍵在於加入薑汁的鹹甜醬汁。味醂或是砂糖增加甜味。
- 使用薑泥雖然也可以，但是薑的纖維容易焦掉，建議還是使用薑汁。
- 醬汁不只用在事前的雞肉醃漬調味，煎的時候也會使用，請保留不要扔掉。

POINT 1

沾裹上太白粉的話，就能讓醬汁確實吸附在雞肉上。

POINT 2

煎約2分鐘後翻面，一邊翻面一邊煎。

CHICKEN NUGGETS
炸雞塊

使用絞肉可以炸出漂亮顏色的雞塊。
秘訣是加入美乃滋，可以增加美味度和厚重感。
拍攝的時候是使用食物調理機製作，
沒有食物調理機的話，
用手充分攪拌混合也可以。

材料（2人份）
雞胸絞肉　200g
A　雞蛋液　1/2顆份
　　蒜頭　1小片
　　低筋麵粉　2大匙
　　美乃滋　1小匙
　　鹽　1/3小匙
　　胡椒　少許
炸油　適量
番茄醬、伍斯特醬　各1大匙
萊姆（切成半月形）　適量

1　將雞絞肉和A放入食物調理機裡，攪拌至滑順的狀態為止（POINT 1）。或是放入調理碗裡，用手充分攪拌混合。
2　將炸油加熱至高溫（180度），用湯匙舀起1，放入炸油裡加熱油炸（POINT 2）。
3　將雞塊盛盤，再附上以番茄醬和伍斯特醬混合而成的醬料，放上萊姆即完成。

MEMO

· 雞絞肉已經將纖維切斷，口感比較柔軟。
· 如果是自己將雞胸肉做成雞絞肉的話，去皮之後剁切，再放入食物調理機絞碎。

POINT 1

整體呈現滑順的抹醬狀即OK。

POINT 2

因為絞肉很柔軟，用湯匙固定成團，再放入炸油裡。

CHICKEN FRICASSEE
雞肉濃湯

雞肉濃湯是一款用奶油燉煮煎過的雞肉的法式家庭料理。
非常適用清爽的雞胸肉製作的一道經典佳餚。
低筋麵粉充分拌炒過後，黏度會下降，
容易和湯汁混在一起，不容易結塊。

材料（2人份）

雞胸肉 *　1片（300g）
紅蘿蔔　1/3根
洋蔥　1/2顆
蘑菇　4朵
花椰菜　4～5株
低筋麵粉　適量
奶油　適量
西式高湯　2杯
牛奶　300㎖
月桂葉　1片
鮮奶油　50㎖
鹽、胡椒　各適量

* 濃鹽水法（P.6）處理過的雞胸肉

1　將紅蘿蔔切成4等份4cm長的條狀。蘑菇如果比較大朵，對半切。洋蔥切成大一點的半月形。花椰菜以鹽水汆燙。

2　將雞肉切成一口大小，撒上適量的低筋麵粉。將15g的奶油放入平底鍋，以中火加熱，放入雞肉稍微煎一下即取出（POINT 1）。

3　將30g的奶油放入2的平底鍋裡，再放入紅蘿蔔、洋蔥和蘑菇拌炒。撒入30g的低筋麵粉，再充分拌炒至整體呈現均勻的狀態（POINT 2）。

4　一點一點地加入西式高湯，一邊攪拌讓低筋麵粉和整體融合在一起。一口氣加入牛奶攪拌。加入月桂葉、2的雞肉，燉煮10分鐘加熱雞肉。起鍋前加入鮮奶油，以鹽和胡椒調味。加入花椰菜攪拌。

MEMO

· 西式高湯是用市售的西式高湯粉（圖中的下側）以相同份量的熱水或是水溶化而成。

· 依據個人喜好，用雞高湯粉（圖中的上側）也可以。

· 使用西式高湯塊也沒問題，只是少量製作用粉末的高湯比較方便。

POINT 1

先取出雞肉，避免肉質變硬。

POINT 2

充分拌炒的話，低筋麵粉就不容易結塊。

CHICKEN PICCATA

義式雞排

將切成薄片的雞肉，
裹上大量的蛋液，
再煎炸而成的經典西式菜色。
在蛋液中混入起司粉或是巴西利，
可以讓美味度和風味更上一層。

POINT

上色之後，再翻面煎另
一面。

MEMO

· 義式雞排(Piccata)是誕生自義
  大利的一道料理，在日本則演
  變成裹上蛋液煎炸的調理方式。

材料 (2人份)
雞胸肉 * 　1大片 (350 g)
鹽　1/2小匙
胡椒　少許
蛋液　1 1/2顆份
起司粉　3大匙
巴西利 (切碎)　1小匙
橄欖油　適量
* 廚房紙巾包裹法 (P.7) 處理過的雞胸肉

1 　將雞肉半冷凍後，切成5～6片大一點的薄片。撒上鹽和胡
　　椒事先醃漬調味。
2 　將起司粉和巴西利混入蛋液，做成麵衣，再將雞肉裹上麵衣
　　備用。
3 　將橄欖油倒入平底鍋裡約1cm深，以中火加熱，再放入2
　　的雞肉攤平，煎炸至兩面上色為止 (**POINT**)。

CHICKEN DIAVOLO

惡 魔 風 雞 肉

大量的洋蔥和酸酸甜甜的醬汁，
和清淡的雞胸肉形成絕妙的搭配！
最近，在我們家升級成定番料理，
大家都很喜歡的一道新食譜。

POINT

洋蔥炒軟之後，加入調
味料。

材料（2人份）

雞胸肉 * 1大片（350g）	A	醬油　2大匙
鹽　1/3小匙		伍斯特醬、醋、砂糖
胡椒　少許		各1 1/2大匙
橄欖油　1大匙		義大利香芹　少許
洋蔥（切碎）　1小顆份		* 廚房紙巾包裹法（P.7）
蒜頭（切碎）　1小片份		處理過的雞胸肉
醋　3大匙		
砂糖　1大匙		

1　將雞肉直向對切，厚一點的部分切開，形成均一的厚
　　度。撒上鹽和胡椒。

2　將橄欖油倒入平底鍋，以中火加熱，雞皮朝下放入鍋
　　裡煎。熟透之後再翻面煎，盛盤。

3　將洋蔥、蒜頭放入2的平底鍋裡，炒至軟化。再加入
　　醋、砂糖拌炒（POINT）、淋在2的雞肉上。

4　將A的調味料放入3的平底鍋裡，稍微加熱，再淋在
　　3上。加上義大利香芹點綴。

CHICKEN CONFIT
油封雞

低溫長時間只用油燉煮，
肉質柔軟的油封雞。
在法國，長期受到喜愛的傳統保存食物。
食用的時候從油裡取出，
用平底鍋煎至上色。

材料（2人份）
雞胸肉 *　1片（300g）
迷迭香　1枝
蒜頭　1片
鹽、胡椒　各適量
橄欖油或是沙拉油　適量
巴薩米可醋、黃芥末粒　各適量
馬鈴薯（去皮，切成半月形）　適量
綜合沙拉葉　適量
* 濃鹽水法（P.6）處理過的雞胸肉

1　將雞肉厚一點的部分切開，形成均一的厚度。將雞肉放入鍋裡，再倒入可以蓋過雞肉的橄欖油，放入迷迭香、蒜頭、鹽和胡椒各少許，以中火加熱。煮沸之前，調成極小火煮20分鐘（POINT 1）。途中如果油不足的話，一邊補油一邊燉煮。熄火，靜置降溫。

2　取出雞肉，平底鍋不需要放油，放入雞肉將雞皮煎至上色（POINT 2）。取出，直向對切，盛盤，淋上巴薩米可醋，再依個人喜好加上黃芥末粒。

3　在平底鍋裡倒入1小匙油封的橄欖油，以中火加熱，放入馬鈴薯拌炒，撒上1小撮鹽和少許胡椒。和綜合沙拉葉一起盛在2旁邊。

MEMO

· 製作油封料理的時候，放入香料蔬菜或是香料一起煮，可以增加風味，也能去除雞肉的腥臭。

· 這裡使用的是蒜頭和迷迭香，清爽風味的月桂葉也很推薦。

· 油封使用的油，用來炒配菜的馬鈴薯或是用來做西班牙油蒜雞肉（P.94）都可以。

POINT 1

用極小火加熱，不要煮至沸騰。

POINT 2

油封過的雞肉，將雞皮煎至上色。

BAKED HERB CRUSTED CHICKEN

麵包粉香草雞

麵包粉可以烤出酥酥脆脆的口感。
雞胸肉的味道比較淡一些，
在麵包粉裡加入蒜頭、巴西利和起司粉，
美味更加成。

POINT

一邊按壓一邊確實裹上
麵包粉。

材料（2人份）

雞胸肉 *　1片（300g）
胡椒　少許
黃芥末　2大匙

A　麵包粉　50g
　　起司粉　10g
　　橄欖油　1大匙
　　蒜頭（切碎）　1片份
　　巴西利（切碎）　1小匙

橄欖油　2小匙
小番茄（切成1/4）　適量
細葉香芹　少許

* 濃鹽水法（P.6）處理過
　的雞胸肉會更美味

1　將雞肉橫向對切，切掉筋，厚一點的部分切開，形成
　　均一的厚度。撒上胡椒，整體揉進橄欖油。以中火加
　　熱平底鍋，放入雞肉煎至兩面8分熟左右取出。

2　在雞肉煎過的那一面塗上黃芥末。

3　將A混合做成香草麵包粉，在2塗上黃芥末的那一面
　　裹上麵包粉（POINT）。用烤箱烘烤約10分鐘至整體
　　熟透。盛盤，放上小番茄和細葉香芹。

CHICKEN MILANESE

米蘭雞排

用擀麵棍將雞肉敲薄，
裹上麵衣，用多一點的油煎炸。
很適合和生菜搭配一起吃，
在我們家是很受到歡迎的一道菜，
我自信滿滿。

在麵衣裡放入起司粉，
更加美味。

材料（2人份）

雞胸肉 * 1片（300g）	橄欖油　適量
鹽、胡椒　各少許	* 濃鹽水法（P.6）處理過
低筋麵粉　2大匙	的雞胸肉會更美味
起司粉　50g	
蛋液　1顆份	
麵包粉　100g	
小番茄、芝麻葉、	
帕瑪森起司（塊狀）　各適量	

1 將雞肉去皮，半冷凍後，橫向對切，再各別觀音開切（P.9），以擀麵棍敲成薄片，撒上鹽和胡椒。將起司粉加入蛋液裡（**POINT**）。

2 依序將雞肉裹上低筋麵粉、起司粉＋蛋液、麵包粉，完成麵衣的沾裹。

3 將橄欖油倒入平底鍋裡約1cm深，以中火加熱，再放入2的雞肉攤開，一邊翻面煎炸至兩面上色為止。盛盤，放上切成方便食用尺寸的小番茄、芝麻葉，刨上帕瑪森起司。

CAJUN CHICKEN AND JAMBALAYA
肯瓊雞 & 什錦飯

香料充分釋放香氣，
美國南部具有代表性的肯瓊料理。
肯瓊雞是裹上咖哩粉等香料後烘烤，
很簡單的一道料理。
搭配電鍋也可以完成的米飯料理——Jambalaya 什錦飯

POINT 1

使用多種新香料，可以
品嘗到豐富的香氣。

POINT 2

一邊翻面，一邊煎至表
面上色。

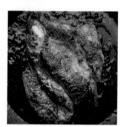

肯瓊雞

材料（2人份）

雞胸肉 *　1大片（350g）
鹽　2/3小匙
胡椒　少許
A　番茄醬　2大匙
　　咖哩粉　2小匙
　　蒜頭、薑(磨泥)　各1小匙
　　紅辣椒(切碎)　1/3根份

沙拉油　2小匙
蒔蘿　適量
紅椒粉(如果有的話)　少許
* 廚房紙巾包裹法(P.7)處
　理過的雞胸肉

1　將雞肉厚一點的部分切開成均一的厚度，如
　　果有筋的話切除，撒上鹽和胡椒。
2　將 A 的材料（POINT 1）揉捏進雞肉裡，放入
　　冰箱冷藏約30分鐘。
3　平底鍋開中火加熱，放入2的雞肉，邊翻面
　　邊煎至熟透（POINT 2）。
4　取出降溫之後，切成方便食用的大小，盛盤。
　　放上蒔蘿，撒上紅椒粉。

什錦飯

材料（方便製作的份量）

雞胸絞肉　200g
米　2合
洋蔥(切碎)　1/2顆份
蒜頭(切碎)　1片份
青椒(切成1cm塊狀)　1顆份
鹽　1/4小匙
胡椒　少許

沙拉油　1大匙
A　番茄醬　2大匙
　　西式高湯粉　1小匙
　　鹽　1小匙
　　咖哩粉　2/3小匙

1　洗米，泡水，再用濾網瀝乾水分備用。
2　絞肉撒上鹽和胡椒，在平底鍋裡倒入沙拉油，
　　以中火加熱，放入絞肉、洋蔥和蒜頭拌炒約
　　2分鐘。
3　將米和 A 的調味料放入電鍋裡，加入2合的
　　標準線的水量，攪拌。加入2稍微攪拌，以
　　一般煮飯的方式炊煮。煮好之後，加入青椒
　　攪拌，蓋上鍋蓋蒸約5分鐘。

JAMBALAYA

CAJUN CHICKEN

COLD PASTA WITH CHICKEN AND TOMATOES
雞肉番茄冷製義大利麵

事先將沙拉用雞肉做好備用的話，
用來做成時髦的冷製義大利麵也會很方便。
醬汁只需要將材料切好攪拌即可。
底味的蜂蜜可以品嘗到自然溫柔的滋味。

POINT

將食材和調味料拌勻，
最後倒入橄欖油攪拌。

材料（2人份）

沙拉用雞肉（P.64）	1片份	鹽	1/2小匙
義大利麵（細一點）	160g	胡椒	少許
番茄	2顆	橄欖油	3大匙
蒜頭	1片	鹽、胡椒	各少許
鯷魚（整片）	3片	羅勒	1枝
橄欖（黑／無籽）	4顆		

A　檸檬汁　1 1/2大匙
　　蜂蜜　1大匙

1　將沙拉用雞肉切成1cm的塊狀。番茄切成一口大小。蒜頭和鯷魚切碎，橄欖切成圓片。

2　將1放入大一點的調理碗，加入A攪拌。倒入橄欖油再次攪拌（POINT）。

3　在熱水加入1大匙的鹽（份量外）煮義大利麵，依據包裝上標示的時間煮熟。用濾網瀝乾水分，再用冷水沖。確實瀝乾水分之後，放入2的調理碗裡攪拌，以鹽和胡椒調味，盛盤，放上羅勒。

CHICKEN RICE

雞肉飯

大家都很喜歡的經典洋食料理。
番茄醬的甜味和雞肉、白飯都很搭配。
切成小塊狀的雞胸肉,
方便食用又保有口感。
這個食譜讓經典的雞肉飯口味更提升。

POINT

讓醬汁燒乾,放入飯就
不會黏呼呼的。

MEMO

• 用蛋皮包住雞肉飯,就可以做
  成蛋包飯,也很推薦。

材料(2人份)

雞胸肉 1/2片(150g)	鹽、胡椒 各適量
白飯 飯碗2碗份	奶油 2大匙
洋蔥 1/4顆(50g)	義大利香芹 少許
蘑菇 4朵	
番茄醬 3大匙	

1 將雞肉切成1cm塊狀,撒上各少許的鹽和胡椒。將
  洋蔥和蘑菇切成粗丁狀。

2 將奶油放入平底鍋,開中火加熱,放入1拌炒。加入
  番茄醬,炒至醬汁收乾(POINT)。

3 加入白飯拌炒,以少許的鹽和胡椒調味。盛盤,放上
  義大利香芹。

PAELLA
海鮮燉飯

適合用來宴客或是當成派對食物的海鮮燉飯。
華麗漂亮的外觀，
是一道可以當成主角的料理。
肉類和海鮮的鮮美裹滿每一粒米是受到歡迎的秘訣。
用海鮮燉飯鍋或是平底鍋做好，直接上桌。

材料（方便製作的份量）
雞胸肉＊　200g
米　1$\frac{1}{2}$合
蝦子（帶殼）　4尾
蛤蜊（吐沙過、帶殼）　250g
番茄　$\frac{1}{2}$顆
青椒　1顆
洋蔥（切碎）　$\frac{1}{2}$顆份
蒜頭（切碎）　$\frac{1}{2}$片份
番紅花　少許
西式高湯　2杯
鹽、胡椒　各適量
橄欖油　適量
＊ 廚房紙巾包裹法（P.7）處理過的雞胸肉

1　將雞肉切成大一點的一口大小，撒上$\frac{1}{3}$小匙的鹽、少許的胡椒。蝦子開背後，去除腸泥，撒上少許的鹽和胡椒。番茄和青椒直向切成4等份。

2　將番紅花、$\frac{2}{3}$小匙的鹽、少許的胡椒放入西式高湯混合備用。

3　在海鮮燉飯鍋（或是平底鍋）倒入$\frac{1}{2}$小匙的橄欖油，以中火加熱，放入雞肉、蝦子，兩面稍微煎一下取出。

4　在3的海鮮燉飯鍋裡倒入2大匙的橄欖油，以中火加熱，加入洋蔥、蒜頭和米拌炒（POINT 1）。加入2稍微攪拌。

5　在4上以放射狀的方式鋪上雞肉、蝦子、蛤蜊、番茄和青椒，再用鋁箔紙蓋上，以小火蒸煮約15分鐘（POINT 2）。如果使用的是平底鍋的話，稍微讓鋁箔紙錯開，讓蒸氣一邊散出一邊蒸煮。

MEMO

· 番紅花這種食材是一種稱為番紅花的雌蕊乾燥而成的香料。數量稀少，可以讓料理呈現鮮豔的紅色和高級的香氣。。

· 使用的份量即使很少，是一款很有名的高價香料。

· 除了海鮮燉飯，製作馬賽魚湯或是番紅花飯也是不可或缺的一款香料。很適合搭配海鮮類的食材。

POINT 1

炒至米飯熟透為止。

POINT 2

使用鋁箔紙當成鍋蓋覆蓋蒸煮。

CHICKEN IN SPICY SAUCE
口水雞

菜如其名，
讓人直流口水的一道美味人氣中華料理。
用微波爐製作的話，
很簡單即可完成。
運用香料蔬菜以及多種調味料製作而成風味滿滿的醬料，
只需要攪拌即可完成。

材料（2人份）

雞胸肉 *　1大片（350g）

薑皮　1塊份

青蔥（綠色部分）　適量

酒　1小匙

A｜醬油、醋　各2大匙
　｜砂糖、芝麻　各2小匙
　｜豆瓣醬　1小匙

青蔥（切末）　2大匙

薑（切末）　2小匙

香菜　適量

* 濃鹽水法（P.6）處理過的雞胸肉

1　將雞肉厚一點的部分切開形成均一的厚度，在耐熱盤鋪上薑皮，再放上雞肉，接著放青蔥的綠色部分，淋上酒。封上保鮮膜，以微波爐加熱3分鐘（POINT 1），途中翻面一次。取出，保持封著保鮮膜的狀態，讓餘溫繼續加熱。

2　降溫之後，將1的雞肉斜削切成厚一點的片狀，在使用之前一直浸在蒸煮的湯汁裡。

3　將A的材料充分攪拌，加入青蔥末和薑末攪拌。瀝乾湯汁，將雞肉盛盤，淋上A的醬料（POINT 2），放上香菜。

MEMO

- 雞胸肉的味道清爽，運用香料蔬菜當成調味的亮點，美味度倍增。
- 其中使用的香菜，不只是中華料理或是異國料理可以使用，洋食也可以使用，屬於萬用的香料蔬菜。

POINT 1

香料蔬菜也一起用微波爐加熱。

POINT 2

醬料有辣、有甜、有酸，呈現豐富的滋味。

FRIED CHICKEN WITH
SWEET AND SOUR SAUCE
油淋雞

在裡面濕潤、外側酥脆的炸雞上,
淋上薑、蔥和蒜頭等香料蔬菜充分釋出香味的酸甜醬汁。

材料 (2人份)
雞胸肉 *　1片(300g)
A｜醬油、醋、砂糖　各3大匙
　｜青蔥(切末)　3大匙
　｜薑、蒜頭(切末)　各1 1/2大匙
　｜伍斯特醬　2小匙
　｜鹽、胡椒　各少許
B｜砂糖、太白粉、麵粉、薑汁、蛋液
　｜各1大匙
　｜醬油　1小匙
　｜鹽、胡椒　各少許
太白粉、炸油　各適量
紅葉萵苣　適量
* 濃鹽水法(P.6)處理過的雞胸肉會更美味

1　將 A 的材料混合,做成油淋醬汁。
2　將雞肉削切成大一點的片狀,將 B 充分揉捏進雞肉裡醃漬,靜置15分鐘。瀝乾醬汁,裹上太白粉。
3　將炸油加熱至160度(低溫),放入雞肉,油炸約2分鐘。最後拉高油溫至180度(高溫),再油炸約1分鐘(POINT 1)。將剛炸好的雞肉淋上油淋醬汁(POINT 2)。
4　將紅葉萵苣撕小片盛盤,放上油淋雞,再淋上剩下的油淋醬汁。

MEMO
- 油淋雞的調味關鍵,來自油淋醬汁。使用大量的薑、青蔥和蒜頭等香料蔬菜是美味的訣竅。
- 基底雖然是醬油,加上醋的酸味、砂糖的甜味、伍斯特醬獨特的動物性滋味,可以品嘗到豐富的風味。

POINT 1

將雞肉事先調味醃漬,裹上粉類再油炸。

POINT 2

趁熱裹上醬汁的話,會更入味。

CHICKEN AND GREEN PEPPERS STIR FRY

青椒雞肉絲

用雞肉也可以做出清爽風味的經典中華料理。
椒類使用綠色和紅色兩種，
讓菜色的外觀更鮮豔豐富。
雞肉切成細條，調味比較重一點，
因此就不需要事前醃漬的步驟。

太白粉會沉澱，淋入之
前需要重新攪拌均勻。

材料（2人份）

雞胸肉　120g	B	中華高湯　2大匙
青椒　3顆		酒、醬油、伍斯特醬
紅椒　1顆		各1大匙
筍子（水煮）　50g		砂糖、太白粉
青蔥　10cm長		各1小匙
A　醬油、酒、薑汁、		鹽　1/4小匙
太白粉　各1/2小匙		
沙拉油　適量		

1　將雞肉切成5cm長的細條狀，用A的調味料揉捏醃漬。在平底鍋裡倒入1大匙的沙拉油，以中火加熱，炒至雞肉變色為止，取出。

2　將青椒、紅椒、筍子和青蔥各別切成5cm長的細絲。

3　在調理碗裡放入B的調味料攪拌均勻備用。

4　在平底鍋補入2小匙的沙拉油，以大火加熱，放入2快炒。整體食材都裹上油之後，調成中火，再放回雞肉，將3再次攪拌均勻倒入（POINT），整體拌炒均勻。

BEAN CURD SZECHUAN STYLE

茄子麻婆豆腐

麻婆豆腐不是快炒料理,而是燉煮料理,我是這麼想。
充分燉煮才是美味的訣竅。
一邊搖晃平底鍋一邊讓食材混合均勻,
豆腐就不會破碎。

POINT

讓豆瓣醬貼著鍋子內側
拌炒,香味會充分釋出。

材料(2人份)

雞胸絞肉 120g	A 豆豉(切碎) 1大匙
茄子 1根	醬油、酒 各1大匙
絹豆腐 1塊(350g)	味醂 1/2大匙
薑 1片	太白粉 1/2大匙
蒜頭 1片	芝麻油 1小匙
沙拉油 2小匙	韭菜(切末) 5根份
豆瓣醬 2小匙	
甜麵醬 1大匙	
中華高湯 1杯	

1　將豆腐切成1.5cm的小塊。茄子則切成滾刀塊。薑和蒜頭切末。

2　在平底鍋裡倒入沙拉油,以中火加熱,放入絞肉、茄子、薑和蒜頭拌炒。加入豆瓣醬和甜麵醬拌炒均勻(POINT)。

3　加入中華高湯和A,大致攪拌,加入豆腐煮約3〜4分鐘。

4　在小容器裡放入太白粉和2大匙的水攪拌均勻,在平底鍋繞圈淋入,一邊搖晃平底鍋,使其混合均勻,勾芡。繞圈淋入芝麻油,盛盤,放上韭菜。

SWEET AND SOUR CHICKEN

糖醋雞肉

雖然用豬肉做是傳統作法，
但是雞肉清爽的滋味和糖醋的風味很搭配，
反而別有新鮮感的美味。
因為雞胸肉切得比較大塊一點，
先用濃鹽水法處理過的話，
會比較柔軟，更美味。

使用稍微多一點的油煎炸雞肉。

材料（2人份）

雞胸肉＊　200g

洋蔥　1/2顆

紅椒　1/2顆

鳳梨　2片（120g）

蘆筍　6根

A ｜ 醬油、酒　各1小匙
｜ 鹽、胡椒　各少許

太白粉　適量

B ｜ 中華高湯　2/3杯
｜ 番茄醬、醬油、醋、
｜ 砂糖　各2大匙
｜ 太白粉　1大匙
｜ 鹽、胡椒　各少許

沙拉油　適量

＊ 濃鹽水法（P.6）處理過
的雞胸肉

1　將洋蔥、紅椒和鳳梨各別切成一口大小。蘆筍斜切段。

2　將雞肉切成3cm見方2cm厚的塊狀。用A事前醃漬調味，裹上太白粉。將B的調味料混合備用。

3　在平底鍋倒入1cm深的油，以中火加熱，放入2的雞肉。邊翻面邊煎炸，取出（POINT）。

4　在平底鍋裡留下約2小匙的沙拉油，以大火加熱，放入1拌炒。整體食材都裹上油之後，將雞肉放回，接著，將B再次攪拌均勻後加入煮至沸騰，整體出現濃稠的勾芡感即可。

DICED CHICKEN WITH CASHEW NUTS

腰果炒雞肉

切成小方塊的雞胸肉，
和炒出香氣的腰果很搭配。
中華熱炒料理，
事先將調味料混合好，
做起來就會很流暢是訣竅。

POINT

混合好的調味料，可以
一口氣將整體食材混合
均勻。

材料（2人份）

雞胸肉　120g	**B**	中華高湯　5大匙
筍子（水煮）　40g		醬油、酒
青椒、紅椒　各1顆		各2/3大匙
腰果　60g		伍斯特醬、太白粉
青蔥　2cm長		各1/2大匙
薑　1片		醋、砂糖、豆瓣醬
蒜頭　1片		各1小匙
A 醬油、酒、太白粉		鹽、胡椒　各少許
各1小匙		沙拉油　1大匙

1　將筍子、青椒、紅椒切成1cm見方的塊狀。青蔥、薑和蒜頭切碎。雞肉切成1cm的塊狀，用A事先醃漬調味。將B的調味料混合均勻備用。

2　在平底鍋倒入沙拉油以中火加熱，放入雞肉快炒後，取出。

3　直接用2的平底鍋，以大火加熱，放入青蔥、薑和蒜頭拌炒。再放入筍子、青椒和腰果，放回雞肉，將整體拌炒均勻。將B重新攪拌均勻後加入，炒至整體均勻即可（POINT）。

HAINANESE CHICKEN RICE
海南雞飯

被稱為海南雞飯的人氣料理。
水煮雞肉，和用水煮雞肉的湯汁炊煮的飯一起享用。
炊煮雞肉飯的時候，使用的是煮雞肉的湯汁，
如果湯汁不足的話，可以用中華高湯補足。

材料（方便製作的份量）
雞胸肉 *　1片（300g）
米　2合（360ml）
A　酒　1大匙
　　　鹽　1小匙
　　　胡椒　少許
青蔥（綠色部分）、薑皮　各適量
鹽　少許
芝麻油　1小匙
蔥醬
　　　青蔥（切末）　2大匙
　　　薑（切末）　1大匙
　　　芝麻油　2大匙
　　　鹽　1小撮
　　　胡椒　少許
香辣醬
　　　番茄醬　2大匙
　　　tabasco 辣椒醬　4滴

海鮮醬
　　　甜麵醬、伍斯特醬　各1大匙
香菜　適量
小番茄（切半）　適量
* 濃鹽水法（P.6）處理過的雞胸肉會更美味

1　將雞肉厚一點的部分切開成均一的厚度，撒上 A。將雞肉放入鍋裡，放入蓋過雞肉的水量，放入青蔥和薑皮。取出雞肉，開大火，煮沸之後再放回雞肉，調成小火，放入落蓋，水煮2～3分鐘。熄火上蓋，放置運用餘溫繼續加熱。如果有浮沫的話，濾除，青蔥和薑皮也取出。
2　將洗過泡過的米放入電鍋，加入2合標準線的1水煮湯汁，加入鹽和芝麻油一起煮飯（POINT 1）。
3　製作蔥醬。將青蔥、薑和麻油放入小鍋裡，以小火拌炒約5分鐘（POINT 2），以鹽和胡椒調味。
4　將2的飯盛盤，再放上切成方便食用的1水煮雞肉，淋上3的蔥醬，加上香菜和小番茄。香辣醬和海鮮醬風的材料各別混合均勻一起盛盤。

MEMO
- 直接單吃雖然也很好吃，加上2種醬料一起吃的話，可以享受不同的風味。
- 香辣醬（左）裡辣辣的 tabasco 為其特徵，甜甜辣辣的容易入口。
- 海鮮醬（右）來自伍斯特醬的海鮮風味和甜味，具有厚度。

POINT 1
在米裡加入水煮雞肉的湯汁、鹽和芝麻油一起炊煮。

POINT 2
蔥醬以小火加熱，炒出香氣。

BUTTER CHICKEN CURRY

奶油雞肉咖哩

以前總是認為這道料理在家裡很難做，
現在我發現只要加入花生醬，
就能做出剛剛好的濃郁程度！
簡單的方法也能做出美味的咖哩。
可以搭配饢一起吃，也可以配飯。

POINT

醃漬雞肉的醃汁也一起
加入燉煮。

材料（2人份）

雞胸肉 * 1片（300g）
番茄罐 400g
A ┌ 原味優格(無糖)50g
  │ 蒜頭(磨泥) 1片份
  └ 薑(磨泥) 1片份
奶油 適量
小豆蔻(整顆) 5顆
咖哩粉 2小匙
鮮奶油 100㎖

花生醬 1大匙
鹽 1 1/2小匙
饢 適量
* 廚房紙巾包裹法(P.7)
  處理過的雞胸肉

1 將雞肉削切。將 A 混合攪拌，裹在雞肉上，放入冰箱冷藏約30分鐘醃漬。

2 將1大匙的奶油放入鍋裡，以中火加熱，放入小豆蔻稍微拌炒，加入番茄罐連同湯汁，用木匙將番茄搗碎，燉煮約3分鐘。

3 加入咖哩粉攪拌，加入1連同醃汁(POINT)。燉煮至雞肉熟透。

4 熄火，加入1大匙的奶油、鮮奶油、花生醬和鹽攪拌。盛盤，放上少許的小豆蔻(份量外)，再附上稍微烤過的饢。

TANDOORI CHICKEN

坦都里烤雞

將雞肉醃漬半天的時間，
再用烤箱烘烤即可。
可以品嘗到溫和香料風味的一道料理。
用優格醃漬，
可以發揮讓肉質軟化的效果。

POINT

放在烤網上烘烤的話，
可以烤出鬆脆的質感。

MEMO

· 用烤魚的烤爐烘烤的話，請用
  大火烘烤。因為容易烤焦，途
  中可以蓋上鋁箔紙。

材料（2人份）
雞胸肉 * 1片（300 g）

A | 原味優格（無糖） 50 g
  | 咖哩粉、番茄醬 各1大匙
  | 蒜頭、薑（磨泥） 各1小匙

香菜 少許
* 廚房紙巾包裹法（P.7）處理過的雞胸肉

1 以切斷雞肉纖維的方向，切成2～3 cm寬的長條狀。將 A
  的材料混合攪拌，揉捏進雞肉裡，放入冰箱冷藏約半天醃漬
  備用。

2 將烤網放在烤箱的烤盤上，再放上1（POINT），以250度烘
  烤約15分鐘至熟透。盛盤，加上香菜。

YANGNYEOM CHICKEN
韓式炸雞

在炸得酥脆的雞肉上，
裹上醬汁的人氣韓式料理。
除了剛剛好的甜度，
蒜頭和薑也釋放香辣氣。
非常下飯，也很適合配啤酒。

材料（2人份）

雞胸肉 *　1片（300g）
醬油、酒　各2小匙
太白粉　適量
炸油　適量

A　苦椒醬　1大匙
　　蒜頭、薑（磨泥）　各1小匙
　　砂糖、醬油、醋　各1/2大匙

白芝麻　少許
巴西利　少許

* 濃鹽水法（P.6）處理過的雞胸肉

1　將雞肉削切成一口大小，表面整體劃上淺淺的切口。將薑和酒揉進雞肉裡，裹上太白粉（POINT 1）。

2　將炸油加熱至160度（低溫），放入雞肉油炸約3分鐘，再調成180度（高溫），油炸約2分鐘（POINT 2）。用炸網撈起，繼續運用餘溫加熱。

3　將 A 的材料放入平底鍋，以小火加熱，混合攪拌。熄火，加入2的雞肉，讓整體都裹上醬料。盛盤，撒上芝麻，放上巴西利。

MEMO

- 藥念（ヤンニョム）在韓語裡指的是將調味料混合在一起。
- 這裡使用的是藥念的經典調味，甜甜辣辣的調味料混合而成。以具有甜味的苦椒醬當成基底，加入蒜泥和薑泥。醋也可以表現一定程度的酸味。

POINT 1

事前醃漬入味之後，裹上太白粉。

POINT 2

最後拉高油溫，炸出酥脆的質感。

TERIYAKI CHICKEN
照燒雞肉

甜甜辣辣的調味很適合雞肉料理，
大人小孩都喜歡的照燒風味。
下飯的定番料理，
用雞胸肉做看看吧！
撒上大量的青蔥，
當成口味和外觀上的亮點。

材料（2人份）
雞胸肉＊　1片（300g）
味醂　3大匙
醬油、酒　各2大匙
沙拉油　2小匙
青蔥（切末）　適量
＊ 濃鹽水法（P.6）處理過的雞胸肉

1　將雞肉厚一點的部分切開成均一的厚度，如果有筋的話切除。將味醂、醬油和酒混合，用來醃漬雞肉。
2　將沙拉油倒入平底鍋，以中火加熱。將雞肉瀝乾醬汁，雞皮朝下放入鍋裡煎。煎至兩面上色之後，吸取多餘的油分，加入剩下的醬汁，上蓋，蒸煎約3分鐘（POINT 1）。
3　取下鍋蓋，繼續煮至醬汁收乾（POINT 2）。取出雞肉，切成方便食用的尺寸，盛盤，撒上蔥末。

MEMO

· 運用水煮雞肉（P.72）的湯汁做成的雞湯，天然風味十足的一道料理。
· 雞湯的材料（2人份）和作法：在小鍋裡倒入300ml煮雞肉的湯汁、1小匙酒、1/2小匙鹽和少許胡椒，煮沸，盛入容器裡，再放入適量切成極細絲的薑。

POINT 1

加入剩下的醬汁，蒸煎。

POINT 2

煮至醬汁收乾，雞肉呈現醬色。

CHICKEN HAMBURGER STEAK
WITH GRATED RADISH
和風蘿蔔泥雞肉漢堡排

味道清爽又富有口感的雞絞肉漢堡排。
加入豆腐的話，
可以做出鬆軟的口感。
最後再加上大量的蘿蔔泥和炒得香氣十足的菇菇醬汁一起享用。

材料（2人份）

雞胸絞肉　300g
洋蔥　1/2顆
豆腐　50g
鴻禧菇、金針菇　各1/2包
A｜蛋液、薑汁、味噌、味醂、醬油　各1大匙
沙拉油　2小匙
奶油　1大匙
B｜白蘿蔔泥　4大匙
　｜薑（磨泥）　1/2大匙
　｜醬油、酒　各1大匙
　｜砂糖　1小匙
西洋菜　少許

1　將洋蔥切末。切除鴻禧菇和金針菇的根部，鴻禧菇分成小株，金針菇則切成一半長度。

2　將絞肉、洋蔥、豆腐和A放入調理碗充分攪拌（POINT 1），分成兩等份，做成橢圓形。

3　將沙拉油倒入平底鍋裡，以中火加熱，放入2，煎至兩面上色為止約2～3分鐘（POINT 2）。上蓋，蒸煮4～5分鐘，用竹籤插入肉排，肉汁呈現透明的狀態即為煮熟，取出盛盤。

4　將奶油放入3的平底鍋，以中火加熱，放入鴻禧菇和金針菇拌炒。炒軟之後，加入B煮沸，淋在漢堡排上。放上西洋菜。

MEMO

- 搭配雞肉和豆腐混合做成的漢堡排，醬汁也做成清爽的日式風味。
- 薑含有促進血液循環的酵素，白蘿蔔泥則有促進消化的酵素。
- 煮過漢堡排的平底鍋不要洗，運用殘留的鮮美成分製作醬汁。

POINT 1

加入豆腐等材料充分揉捏攪拌。

POINT 2

煎至上色之後翻面，煎另一面。

JAPANESE FRIED CHICKEN

日式炸雞

柔軟的口感，
源自於將斜切成薄片的雞胸肉，
用手握住揉圓再油炸。
雞胸肉不需要事先處理調味醃漬，
隨時可以輕鬆地做出來。

完成品的剖面。

MEMO

· 沾裹太白粉之前，將削切過的
雞肉用手握住成圓球狀。

材料 (2人份)

雞胸肉　1片 (300g)

A　醬油　1 $^1/_2$ 大匙

　　酒、蛋液　各1大匙

　　薑、蒜頭(磨泥)　各1小匙

　　中華高湯粉　1小撮

太白粉　適量

炸油　適量

1　將雞肉削切成薄片(1片約30g)。用攪拌混合好的 A 充分揉捏醃漬。

2　瀝乾雞肉的湯汁，用手握緊成圓球狀(POINT)，表面裹上太白粉。

3　將炸油加熱至160度(低溫)，油炸約3分鐘，再調成180度(高溫)，油炸約2分鐘。用炸網取出，靜置約3分鐘讓餘溫繼續加熱。

CHICKEN ESCABECHE

西班牙風醃漬雞肉

炸過的雞肉，
和大量切成細絲的香味蔬菜一起醃漬而成的 Escabeche。
趁熱吃當然沒問題，
放冷再吃也很美味！
下飯配酒都很適合。

材料（2人份）

雞胸肉 * 1片（300g）	砂糖 1小匙
鹽 1/2小匙	鹽 1/2小匙
洋蔥 1/2顆	胡椒 少許
紅蘿蔔 1/4根	太白粉 適量
青椒 1顆	炸油 適量
紅辣椒 1根	* 廚房紙巾包裹法（P.7）
A 醋 100mℓ	處理過的雞胸肉
橄欖油 2大匙	

1 將洋蔥、紅蘿蔔和青椒各別切絲，紅辣椒撕成一半，去籽，都放進混合好的 A 裡醃漬。

2 雞肉削切，撒鹽，裹上太白粉。

3 炸油加熱至170度（中溫），再放入雞肉油炸。將剛炸好的雞肉放入1的醃漬醬汁裡（POINT）。

GRILLED CHICKEN MARINATED IN MISO

味噌烤雞

烤過的味噌香氣，
非常下飯的一道菜。
在甜辣的味噌醬裡，
加入蒜頭和美乃滋增加層次。
是一道刺激食欲，味道濃郁的料理。

POINT

味噌醬裡放入美乃滋。

MEMO

- 雖然濃鹽水法相對較耗時，味噌醬汁醃漬則只需要15分鐘。

材料 (2人份)

雞胸肉 *　1大片 (350g)

A｜味噌　2大匙
　　味醂、砂糖　各1大匙
　　美乃滋　1小匙
　　蒜頭 (磨泥)　1片份

* 濃鹽水法 (P.6) 處理過的雞胸肉

1　將雞肉直向對切，厚一點的部分切開成均一的厚度。將 A 攪拌混合 (POINT)，揉捏進雞肉裡醃漬，靜置約15分鐘。

2　將烤魚烤爐以大火加熱，用手指將味噌大致抹在雞肉上，烤至出現淡淡的烤紋為止。切成方便食用的尺寸後盛盤。

FRIED CHICKEN WITH TARTAR SAUCE

南蠻雞

事先醃漬炸好的雞胸肉，
再用甜醋醃漬，
最後淋上塔塔醬和巴西利。
甜酸風味、具有厚度的塔塔醬很適合搭配雞肉。

POINT

最後淋上大量塔塔醬。

材料 (2人份)

雞胸肉 * 1片 (300g)	B 美乃滋 1大匙
塔塔醬	醬油、酒 各2小匙
美乃滋 100g	太白粉 適量
水煮蛋(切碎) 1大匙	沙拉油 適量
醃黃瓜(切碎) 1小匙	巴西利(切碎) 少許
醬油 1/2小匙	* 濃鹽水法(P.6)處理過
A 醋、醬油、砂糖	的雞胸肉
各11/2大匙	

1　將塔塔醬的材料混合攪拌。將 A 的調味料混合攪拌，
　做成甜醋。

2　將雞肉直向對切，厚一點的部分切開成均一的厚度，
　用 B 事先揉捏進雞肉裡醃漬。瀝乾醃汁，裹上太白粉。

3　將沙拉油倒入平底鍋約1cm深，以中火加熱，放入
　雞肉攤開，一邊翻面一邊煎炸。炸好之後放入甜醋
　裡醃漬。切成方便食用的尺寸，盛盤，淋上塔塔醬
　(POINT)，撒上巴西利。

CHICKEN RICE IN CHICKEN SOUP

雞肉泡飯

淋上大量鮮美的雞湯，
一口接一口停不下來的鹿兒島鄉土料理。
煮成甘甜滋味的香菇和雞蛋絲，讓外觀更豐富鮮豔。
如果覺得蛋絲製作太麻煩的話，使用炒蛋也可以。

用煮汁浸泡雞胸肉，肉
質就不會乾柴。

材料（2人份）

基本水煮雞肉（P.72） 1片	B 砂糖 1/2小匙
基本水煮雞肉的煮汁	鹽 1小撮
滿滿4杯	沙拉油 少許
白飯 飯碗2碗份	醬油、鹽 各少許
乾香菇（泡水還原） 3朵	青蔥（切末） 適量
A 砂糖、酒、醬油	* 濃鹽水法（P.6）處理過
各1小匙	的雞胸肉
雞蛋 2顆	

1 用擀麵棍敲打水煮雞肉，再剝成細絲，和適量的薑皮
（份量外）一起泡在少量的煮汁裡備用（POINT）。

2 將泡水還原的香菇，連同湯汁和A一起開中火煮約3
分鐘。取出香菇，瀝乾湯汁，切成細絲。

3 製作雞蛋絲。在調理碗裡打蛋，放入B攪拌混合。在
平底鍋裡塗上沙拉油，以中火加熱，倒入薄薄的蛋液，
避免燒焦地快速兩面煎。取出切成絲。

4 將4杯的水煮雞肉煮汁煮沸，以胡椒和鹽調味。

5 在容器裡盛飯，放入瀝乾湯汁的1雞肉、2、3，再趁
熱淋上4的湯汁，放上青蔥末。

CHICKEN AND EGG RICE BOWL

親子丼

為了做出軟呼呼的半熟蛋，
蛋液分成2次加入，
只需上蓋蒸煮約10秒。
讓雞胸肉容易熟，
削切成薄一點的片狀。

POINT

上蓋，蒸約10秒鐘。

MEMO

· 餘溫也會讓雞蛋繼續加熱，只
需要上蓋10秒鐘，就馬上熄火。

材料（2人份）
雞胸肉　1/2片（150g）
白飯　飯碗2碗份
雞蛋　4顆
洋蔥　1/2顆
鴨兒芹　4根
A│高湯　2/3杯
　│醬油、味醂　各3大匙

1　將雞肉削切成薄一點的片狀。洋蔥切成薄片。鴨兒芹切成
　　2cm長。雞蛋打散。
2　將A放入平底鍋裡，開中火，放入洋蔥炒煮。熟透之後，放
　　入雞肉攤開，大概煮一下。
3　倒入一半份量的蛋液，稍微攪拌，再倒入剩下的蛋液，上蓋
　　10秒鐘，離火（POINT）。連著湯汁倒在盛好飯的容器裡，
　　再放上鴨兒芹。

CALIFORNIA CHICKEN BRUNCH

加州風雞肉早午餐

多數時候都是晴天，
受到天候關照的加州，
蔬菜和水果的種類豐富又好吃！
在悠閒有餘裕的假日早上，
推薦可以做看看使用雞胸肉變化、
稍微豪華一點的早午餐。

BACON CHEESE MUFFINS

雞肉凱薩沙拉
＆
培根起司瑪芬蛋糕

可以吃進大量萵苣的凱薩沙拉，
搭配烤得香噴噴的烤雞。
不費力可以輕鬆完成，
放入培根和起司的減糖美式瑪芬蛋糕一起享用。

＞＞ 作法請參閱 P.58

CHICKEN CAESAR SALAD

PULLED CHICKEN

手撕雞
&
薯餅

手撕雞是將雞胸肉用蘋果或 BBQ 醬蒸煮，再撕成絲的一道料理。
雞胸肉不需要事先處理即可做出。
食譜份量是方便製作的 4 人份，一半可以先保存起來。
和早餐的經典菜色薯餅一起享用。

>> 作法請參閱 P.59

和雞肉凱薩沙拉
一起享用。

CHICKEN CAESAR SALAD

雞肉凱薩沙拉

材料（2人份）
基本款煎雞肉（P. 68）全量
蘿蔓萵苣　1顆
醬汁
　　美乃滋　3大匙
　　牛奶　1大匙
　　起司粉　1大匙
　　鯷魚醬　1小匙
　　蒜頭（磨泥）　1小匙
　　檸檬汁　1小匙
　　鹽　1小撮
　　胡椒　少許
帕瑪森起司（薄切）　適量
現磨黑胡椒　少許

1　將蘿蔓萵苣切成一口大小，冷藏備用。
2　將醬汁的材料放入調理碗裡，以手持攪拌機（沒有的話用打蛋器）充分攪拌混合。
3　將萵苣盛盤，鋪上切成方便食用尺寸的雞肉，淋上醬汁。撒上帕瑪森起司，最後撒上黑胡椒。

BACON CHEESE MUFFINS

培根起司瑪芬蛋糕

材料（10顆份）
高筋麵粉　280g
培根（塊狀）　30g
切達起司 *　30g
雞蛋　1/2顆份
原味優格（無糖）　80g
泡打粉　1大匙
砂糖　15g
奶油（有鹽）　160g
* 使用相同份量的再製起司也可以

1　將培根切成1cm的方塊，在平底鍋倒油拌炒。起司切成5mm的方塊。
2　將高筋麵粉、泡打粉、砂糖放入食物調理機稍微攪拌。再加入奶油攪拌。
3　將雞蛋和優格加入2，大致攪拌一下。
4　加入培根和起司，大致攪拌。
5　在烤盤鋪上烘焙紙。將4的麵糰分成10等份，再將麵糰大概揉圓，等間隔排列在烤盤上。
6　以200度預熱烤箱，先烤5分鐘，再調降至180度烘烤15分鐘。

和手撕雞一起享用。

PULLED CHICKEN

手撕雞

材料（方便製作的份量）
雞胸肉　2片（600g）
醬汁

> BBQ醬（市售）　150g
> 洋蔥（磨泥）　1/2顆份
> 蘋果（磨泥）　1/2顆份
> 蒜頭（磨泥）　1片份
> 伍斯特醬　3大匙
> 砂糖　2大匙
> 醬油　1大匙
> 水　100ml
> 香菜粉、彩椒粉（如果有的話）　各1/2小匙

荷包蛋　2顆份
蒔蘿　適量

1　將雞肉放入鍋裡，淋入混合好的醬汁。
2　蓋上大一點的鍋蓋，以偏弱的中火加熱40～50分鐘至雞肉軟化為止（使用壓力鍋的話約15分鐘）。
3　熄火放涼。取出雞肉，沿著纖維撕成方便食用的絲狀。和鍋裡殘留的醬汁混合，讓整體都裹上醬汁。取一半份量，和薯餅一起盛盤，放上荷包蛋，再放上蒔蘿。
*　剩下的一半份量可以冷藏保存4～5天，用來當成三明治的餡料或是沙拉的配料。

HASH BROWNS

薯餅

材料（2人份）
馬鈴薯　1顆
洋蔥　1/2顆
蒜頭　1片
橄欖油　1大匙
鹽　1/3小匙
胡椒　少許

1　將馬鈴薯切成絲，稍微泡水再瀝乾水分。洋蔥切成薄片。蒜頭切成薄片。
2　將橄欖油倒入平底鍋裡，以中火加熱，放入洋蔥拌炒。炒軟之後放入馬鈴薯和蒜頭，炒至馬鈴薯熟透上色為止。最後以鹽和胡椒調味。

考柏沙拉

將材料切成相同尺寸的一款沙拉,誕生於美國。
不只是蔬菜,還有雞胸肉、水煮蛋和起司,
食材很豐富的一道沙拉。
淋上水果風味的考柏醬汁。

>>作法請參閱 P.62

COBB SALAD

CHICKEN AND FRUIT SALAD

雞肉水果沙拉

將沙拉雞肉和葡萄柚、蘋果搭配而成的一款沙拉。
水果天然的甜味和清淡的沙拉雞肉超級搭。
淋上清爽的優格醬一起享用。

>> 作法請參閱 P.62

COBB SALAD

考柏沙拉

材料（2人份）
雞胸肉 * 1片（300g）
水煮蛋 2顆
酪梨 1/2顆
萵苣 2～3片
中型番茄 8顆
藍起司 30g
胡椒 少許
醋 少許
橄欖油 1大匙
考柏醬
　　蘋果（磨泥） 50g
　　蒜頭（磨泥） 1/2片份
　　沙拉油 3大匙
　　醋 1大匙
　　鹽 1/2小匙
　　胡椒 少許
* 濃鹽水法（P.6）處理過的雞胸肉

1　將雞肉去皮，厚一點的部分切成均一的厚度，撒上胡椒。將橄欖油倒入平底鍋，以中火加熱，放入雞肉煎約2分鐘。翻面再煎1分鐘，翻面3～4次，每次煎1分鐘。降溫之後取出，切成1cm的方塊。
2　將藍起司、酪梨切成1cm的方塊，酪梨淋醋備用。水煮蛋也切成和雞肉差不多的大小，萵苣切成方便食用的大小。番茄切成半月形。
3　將考柏醬的材料放入調理碗，以打蛋器攪拌。將1、2盛盤，淋上醬汁。

CHICKEN AND FRUIT SALAD

雞肉水果沙拉

材料（2人份）
基本雞肉沙拉（P.64）　一半份量（150g）
葡萄柚 1/2顆
蘋果 1/2顆
醋 少許
法式醬汁
　　沙拉油 2大匙
　　醋 1大匙
　　鹽 1/3小匙
　　砂糖、胡椒 各少許
原味優格（無糖） 1大匙
薄荷葉 少許

1　將沙拉雞肉切成2cm的方塊。葡萄柚去薄皮。蘋果帶皮切成銀杏狀，裹上醋。
2　將法式醬汁的材料和優格充分攪拌。加入沙拉雞肉、葡萄柚和蘋果攪拌。盛盤，放上薄荷葉。

簡易雞肉沙拉

用微波爐製作的「沙拉雞肉」，用平底鍋煎的「烤雞」，用香料蔬菜煮的「水煮雞肉」，這是3款基本的簡單食譜。這裡會介紹使用各別的基本款食譜延伸變化的簡易料理。

STEAMED CHICKEN
基本款沙拉雞肉

用微波爐即可簡單做出來的沙拉雞肉。
用微波爐加熱還能保持肉質柔軟，
來自於事前的濃鹽水法處理。
只要學會這款基本沙拉雞肉，
沙拉的變化就能一下無限延伸。

CHICKEN COLESLAW
雞肉高麗菜沙拉

沙拉雞肉不要用切的，用手沿著纖維撕開，能夠更入味。

基本款沙拉雞肉的材料（2人份）
雞胸肉　1片（300g）
濃鹽水液
　鹽　2小匙
　砂糖　1大匙
　水　1杯
酒　1大匙

雞肉高麗菜沙拉的材料（2人份）
基本款沙拉雞肉　100g
高麗菜　1/4顆
紅蘿蔔　1/8根（20g）
洋蔥　1/10顆（20g）
鹽　1/2小匙
法式醬汁（P.62）　一半份量（1 1/2大匙）

1
製作濃鹽水液

將濃鹽水液放入密封夾鏈袋，揉捏整個袋體讓鹽和砂糖溶解。

2
放入雞肉

將雞肉厚一點的部分切開成均一的厚度，放入1的袋裡。

3
放入冰箱冷藏

將雞肉整體都浸入濃鹽水裡，擠出空氣，放入冰箱冷藏。24小時即完成。

4
倒掉濃鹽水液

倒掉濃鹽水液，將雞肉和酒一起放入夾鏈袋（加熱用）裡，放在耐熱盤上。

5
微波爐加熱

用微波爐加熱約4分鐘。加熱途中翻面1～2次。取出至放涼為止，讓餘溫繼續加熱。如果要保存起來，需要擠出袋內的空氣，和蒸煮的湯汁一起放入冰箱冷藏，可以保存約3天。

6
製作高麗菜沙拉

將沙拉雞肉沿著纖維撕成絲，至使用之前為止都泡在蒸煮的湯汁裡。將高麗菜、紅蘿蔔和洋蔥切成絲，撒鹽，蔬菜軟化之後，擰乾水分。將瀝乾湯汁的沙拉雞肉和蔬菜一起用法式醬汁攪拌。

GERMAN POTATO SALAD
馬鈴薯沙拉

一款搭配炒得脆脆的馬鈴薯的溫沙拉。

材料（2人份）

基本款沙拉雞肉	咖哩風味醬汁
（P.64） 120g	沙拉油 2 1/2大匙
馬鈴薯 1顆	醋 1大匙
捲葉生菜 2片	砂糖、咖哩粉
沙拉油 2小匙	各1/2小匙
鹽 1小撮	鹽 1/4小匙
胡椒 少許	胡椒 少許
	現磨黑胡椒 少許

1 將沙拉雞肉削成一口大小。
2 將馬鈴薯帶皮切成厚一點的銀杏狀。將沙拉油倒入平底鍋裡，以中火加熱，放入馬鈴薯拌炒，撒上鹽和胡椒。
3 將咖哩風味醬汁的材料放入調理碗裡充分攪拌，加入1、2拌勻。和撕過的捲葉生菜一起盛盤，撒上黑胡椒。

CHICKEN EGG SALAD
雞肉蛋沙拉

水煮蛋柔和的滋味很適合搭配雞胸肉。

材料（2人份）

基本款沙拉雞肉	A	美乃滋 2大匙
（P.64） 120g		Relish 1大匙
水煮蛋 2顆		鹽、胡椒 各少許
花椰菜 1/3顆		現磨黑胡椒 少許

1 將沙拉雞肉切成1cm的方塊，將A混合。水煮蛋略切碎。
2 將花椰菜以鹽水燙成稍微硬一點的質感，放在濾網上降溫。
3 將1和2混在一起，以鹽和胡椒調味。盛盤，撒上黑胡椒。

MEMO

Relish 醃小黃瓜碎或是香草碎的瓶裝罐頭。這裡也可以用相同份量的醃黃瓜切碎替代使用。

CHINESE STYLE TOFU SALAD
中華風豆腐沙拉

將油豆腐的四周切下來的話，
就能做成像豆乾一樣的美味！

材料（2人份）

基本款沙拉雞肉	A	芝麻油　1¹/₂大匙
（P.64）　120g		醬油　1小匙
油豆腐　1/2塊		砂糖　1/2小匙
紅椒　1/2顆		鹽　1/3小匙
芹菜　1/2根（50g）		胡椒　少許
榨菜　30g		
香菜　適量		

1　將沙拉雞肉沿著纖維撕成絲。油豆腐的四周
　　切下來，再切成絲。紅椒、芹菜和榨菜切成
　　絲。香菜切成2cm長，以及裝飾用的香菜
　　葉備用。

2　將A的材料放入調理碗裡充分攪拌，加入1
　　攪拌。盛盤，放上香菜葉。

CHICKEN AND BEET SALAD
雞肉甜菜根沙拉

運用蘋果和甜菜根做出時髦風情的沙拉。

材料（2人份）
基本款沙拉雞肉（P.64）　120g
甜菜根（水煮）　1罐（150g）
蘋果　1/2顆
法式醬汁（P.62）　全量（3大匙）
細葉香芹　少許

1　將沙拉雞肉削切成一口大小。甜菜根和蘋果
　　切成銀杏狀。

2　將1用法式醬汁拌勻，盛盤，放上細葉香芹。

MEMO

甜菜根　和蕪菁的形狀相似的蔬菜，
具有甜味，鮮豔的紅色為其特色。
比起新鮮的甜菜根，水煮罐頭的甜
菜根比較容易入手。

GRILLED CHICKEN
基本款煎雞肉

煎雞肉，一邊翻面一邊慢慢地加熱為訣竅。

裹上低筋麵粉油煎的話，會形成皮膜，

可以避免雞肉裡的鮮美成分流出來。

因為是簡易版本的煎雞肉，

可以運用各式各樣的醬汁變化調味。

GRILLED CHICKEN WITH CHILI SAUCE

阿根廷青醬雞肉

阿根廷青醬做好放一段時間會更美味，因此請在煎雞肉之前做好備用。

基本款煎雞肉的材料（2人份）

雞胸肉　1片（300g）
蒜頭　1片
鹽　1/2小匙
胡椒　適量
低筋麵粉　適量
橄欖油　2大匙

阿根廷青醬雞肉的材料（2人份）

基本款煎雞肉　全量

A | 義大利香芹　3枝
　 香菜　1枝
　 洋蔥　1/6顆
　 蒜頭　1片
　 紅辣椒　1/3根

白酒醋　1大匙
鹽　1小匙
胡椒　少許
橄欖油　100㎖
中型番茄　2顆

* 阿根廷青醬方便製作的份量，
　放入冰箱冷藏可以保存約5天。

1
切成均一的厚度

將雞肉帶皮撒上少許的鹽和胡椒，用廚房紙巾包裹，放入冰箱冷藏約10分鐘。將雞肉以觀音開（P.9）切法切，整體切成厚度約1.5cm。在中間直向劃出一道切口。從切口左側讓刀子斜斜地入刀，像削片一樣切開。將雞肉上下轉向，另一側也以相同方式切開。

2
劃出切口

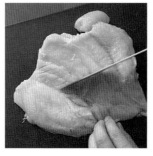

將雞肉的纖維切斷，每間隔2cm劃出淺淺的切口。用手摸摸看，如果有硬筋的話，在上面劃出4、5道切口。

3
用擀麵棍敲打

用擀麵棍敲打雞肉整體。如此一來，纖維會被破壞，形成柔軟的口感。切成一半，裹上低筋麵粉。

4
從雞皮那一面開始煎

將橄欖油和壓碎的蒜頭放入平底鍋裡，以小火加熱。調成中火，將雞肉的雞皮朝下放入鍋裡，煎約2分鐘。

5
一邊翻面一邊煎

翻面之後煎1分鐘，再翻面3～4次，每次煎1分鐘，煎至表皮酥脆上色，盛盤，再撒上少許的胡椒。

6
製作醬料

將A的材料用手持攪拌機攪拌。一點一點地加入橄欖油，攪拌至呈現滑順的質感為止。淋在5的煎雞肉上，再放上切成一半的中型番茄。

使用基本款煎雞肉

GRILLED CHICKEN WITH LEMON SAUCE

檸檬醬汁雞肉

在檸檬清爽的酸味裡加上奶油的濃郁厚度。

材料（2人份）
基本款煎雞肉（P.68）　全量
白酒　3大匙
檸檬汁　1/2顆份
檸檬（圓切片）　4片
奶油　2大匙
鹽、胡椒　各少許
迷迭香　少許

1　在煎過雞肉的平底鍋裡倒入白酒，以中火煮約2分鐘。

2　加入檸檬汁和檸檬圓切片，熄火。加入奶油用餘溫融化，以鹽和胡椒調味。

3　將煎雞肉盛盤，淋上2，放上檸檬圓切片和迷迭香。

GRILLED CHICKEN WITH MUSTARD SAUCE

黃芥末醬雞肉

讓雞肉美味的粗粒黃芥末醬當成醬料。

材料（2人份）
基本款煎雞肉（P.68）　全量　　奶油　1小匙
白酒　3大匙　　　　　　　　　鹽、胡椒　各少許
粗粒黃芥末醬　1大匙　　　　　西洋菜　少許
鮮奶油　50mℓ

1　在煎過雞肉的平底鍋裡倒入白酒，以中火煮約2分鐘。

2　加入粗粒黃芥末醬和鮮奶油，煮沸之後熄火。加入奶油用餘溫融化，以鹽和胡椒調味。

3　將2倒在盤子上，放上煎雞肉，再放西洋菜。

MEMO

粗粒黃芥末醬　芥菜的種子加入醋和白酒，具有種子顆粒的調味料。和肉類魚類都很搭。

GRILLED CHICKEN WITH HARISSA SAUCE
哈里薩醬雞肉

辛辣的哈里薩醬充分釋出辣味。

材料（2人份）
基本款煎雞肉（P.68）　全量
A｜ 番茄醬（市售）　100g
　｜ 哈里薩（粉末）　1/3小匙
　｜ 伍斯特醬　2小匙
鹽、胡椒　各少許
巴西利（切碎）　適量

1　在煎雞肉的平底鍋裡，放入A稍微加熱，以鹽和胡椒調味。
2　在盛盤的煎雞肉淋上1，放上巴西利。

MEMO

哈里薩　以辣椒為基底，混合好幾種香料的辣口調味料。如果使用抹醬狀的哈里薩，請加1小匙。

GRILLED CHICKEN WITH BLUE CHEESE SAUCE
藍起司醬雞肉

加熱過的藍起司，可以品嘗到柔和的滋味。

材料（2人份）
基本款煎雞肉（P.68）　全量
白酒　3大匙
藍起司　20g
鮮奶油　4大匙
鹽、胡椒　各少許
義大利香芹　少許

1　在煎過雞肉的平底鍋裡，放入白酒，以中火燉煮約2分鐘。
2　加入藍起司和鮮奶油，以小火煮至起司融化為止。以鹽和胡椒調味。
3　在盛盤的煎雞肉淋上2，放上義大利香芹。

BOILED CHICKEN
基本款水煮雞肉

水煮雞肉不只是用水煮，還是用熱水煮。

水煮的時候雞肉會浮起來，因此需要落蓋，

讓雞肉整體都泡在熱水裡，讓整塊雞肉確實熟透。

不只可以用來當成沙拉或是日式拌菜的配菜，

也可以用來當成主菜，應用的範圍很廣。

BANG BANG CHICKEN
棒棒雞

具有厚度的芝麻醬很適合搭配清爽的水煮雞肉，是中華料理的定番。

基本款水煮雞肉的材料（2人份）
雞胸肉　1片（300g）
濃鹽水液
　鹽　2小匙
　砂糖　1大匙
　水　1杯
酒　1大匙
青蔥（綠色部分）、薑皮　各適量

棒棒雞的材料（2人份）
基本款水煮雞肉　150g
小黃瓜　1根
番茄　1顆
芝麻醬
　芝麻醬　50g
　醬油　2大匙
　醋、砂糖　各1大匙

香菜　少許
　薑、蒜頭（切末）　各1/2小匙
　青蔥（切末）　2大匙

1
切成均一的厚度

將雞肉厚一點的部分切成均一的厚度。

2
濃鹽水法

將濃鹽水液放入夾鏈袋，揉捏整個袋體，讓鹽和砂糖溶化。將雞肉放入袋裡，讓整塊雞肉都泡在濃鹽水裡，擠出空氣，放入冰箱冷藏。經過24小時即完成。

3
香料蔬菜是關鍵

做成日式或是中華風料理的話，就使用酒、青蔥（綠色部分）和薑皮。西式料理的話，則放入白酒、洋蔥皮和紅蘿蔔皮一起水煮。

4
煮沸

將雞肉放入鍋裡，倒入超過雞肉的水量，加入酒、青蔥和薑皮。取出雞肉，開大火。

5
水煮雞肉

煮沸之後，放回雞肉，調成小火，落蓋，水煮2～3分鐘。熄火，上蓋，靜置至放涼為止，讓餘溫持續加熱。如果有浮沫就撈除，取出香料蔬菜，連著煮汁一起放入容器，可以冷藏保存約3天。

6
製作棒棒雞

沿著雞肉的纖維撕成絲，直到使用之前都泡在煮汁裡備用。將小黃瓜斜切成細長條狀，小番茄切成薄薄的半月形。依照番茄、小黃瓜、瀝掉煮汁的水煮雞肉的順序盛盤，將芝麻醬的材料充分攪拌均勻淋上，最後放上香菜。

使用基本款水煮雞肉

CHICKEN SALAD WITH PICKLED PLUMS

梅子醬燒雞

清爽的滋味可以讓口腔稍微休息，煥然一新。

材料（2人份）
基本款水煮雞肉（P.72）　150g
小黃瓜　1/2根
薑　1片
A　醬油　2小匙
　　梅肉、味醂、麻油、砂糖　各1小匙

1　將水煮雞肉切成1cm的方塊。將小黃瓜放在砧板上撒鹽滾動之後，切成1cm的方塊。
2　將薑切成極細絲。
3　將A的材料放入調理碗裡混合攪拌，加入1攪拌。盛盤，放上2的薑絲。

MEMO

· 將水煮雞肉和小黃瓜切成相同尺寸，調味料可以均勻入味。

CHICKEN AND BURDOCK SALAD

雞肉牛蒡沙拉

可以品嘗到牛蒡脆脆的口感。

材料（2人份）
基本款水煮雞肉（P.72）　150g
牛蒡　1/3根
紅蘿蔔　1/5根（30g）
A　美乃滋　3大匙
　　醬油　1大匙
　　芥末醬　1小匙
　　砂糖　1小撮
白芝麻　少許

1　將水煮雞肉切成細條。
2　將牛蒡和紅蘿蔔切成絲，以鹽水燙約2分鐘，再放在濾網上冷卻。
3　以A的調味料拌勻1和2。盛盤撒上芝麻。

CHICKEN AND CELERY SALAD
辣醬雞肉芹菜

以醬油醋為基底，放入辣油當成調味的亮點。

材料 (2人份)
基本款水煮雞肉 (P.72)　150g
芹菜　1/3根
西洋菜　2根
A　醬油、醋　各1大匙
　　蒜頭 (磨泥)　1片份
　　砂糖　1小撮
　　辣油　少許

1　將水煮雞肉撕成細條。芹菜去筋再切成薄薄的短條狀。取下西洋菜的葉子。
2　將A的材料放入調理碗裡，攪拌混合，加入1拌勻。

> ### MEMO
> · 水煮雞肉很柔軟，用手沿著纖維就可以很輕易地撕開。撕開的表面形成不平整的狀態，會更入味。

CHICKEN WITH MARINATED AVOCADO
雞肉酪梨拌菜

味道柔和的酪梨和清爽的水煮雞肉很適合搭配在一起。

材料 (2人份)
基本款水煮雞肉 (P.72)　150g
酪梨　1/2顆
小番茄　6顆
芥末 (磨泥)　少許
檸檬汁　1小匙
A　醬油　2小匙
　　味醂、酒　各1小匙

1　將水煮雞肉削切成小塊一點。將一半份量混合好的A和芥末一起攪拌，用來醃漬水煮雞肉。
2　將酪梨切成5mm厚的銀杏狀。小番茄切成一半。將剩下的A和檸檬汁混合，放入酪梨和番茄醃漬。
3　將1和2的湯汁瀝乾，盛盤。

COLUMN 2

CHICKEN RECIPES FOR ATHLETES
雞肉運動餐

低脂肪高蛋白質的雞胸肉，
是運動健身的人最適合的食材。
擅自構思送給
大聯盟大谷翔平選手的妄想食譜，
調整成不管是誰都可以
吃得美味又健康的份量。

CHICKEN AND BROCCOLI PASTA
雞肉花椰菜義大利麵

大量的花椰菜，和義大利麵一起煮軟，
拌炒的時候，用木匙隨意搗碎。
當成醬汁和義大利麵融合在一起，是美味的訣竅。

有益健康的理由

身體的能量源是碳水化合物。需要力量的
比賽前特別需要。和可以增加肌肉的含有
鋅銅的花椰菜搭配。蒜頭則富含可以促
進蛋白質代謝的維他命 B_6。

材料（2人份）
雞胸肉 *　150g
長義大利麵（細麵）　140g
花椰菜　1顆
蒜頭　2片
胡椒　少許
橄欖油　2大匙
鹽、胡椒　各適量
起司粉　適量
* 濃鹽水法（P.6）處理過的雞胸肉更美味

1　將雞肉削切成小塊一點，撒上胡椒。蒜頭拍扁。將橄欖油倒入平底鍋，放入雞肉和蒜頭，開小火，拌炒至充分熟透為止。

2　將花椰菜分成小株，以加入1大匙鹽（份量外）的熱水開始燙，2分鐘後加入義大利麵，根據包裝袋上的標示時間少煮1分鐘。取出1杯的煮麵水，再將花椰菜和義大利麵一起放在濾網上。

3　將花椰菜和義大利麵放入1的平底鍋裡，開中火煮至彈牙（al dente）的狀態為止。用木匙搗碎花椰菜，讓整體融合在一起。途中，如果水分不足，一點一點加入煮麵水。以鹽和胡椒調味。根據個人喜好撒上起司粉。

JAPANESE CHICKEN PILAF
雞肉牛蒡炊飯

將適合搭配在一起的雞肉和牛蒡，做成炊飯。
加入根莖葉蔬菜或是菇類，美味度和營養都上升。
將雞胸肉切小塊一點，
汆燙之後放在煮好的飯上蒸煮，使其熟透。

材料（方便製作的份量）

米　3合
雞胸肉＊　200g
乾香菇　2片
牛蒡　1/2根（50g）
紅蘿蔔　1/5根（30g）
筍子（水煮）　50g
A｜醬油　1 1/2大匙
　｜味醂、酒　各1大匙
　｜鹽　1/3小匙
酒、醬油　各2小匙

四季豆（如果有的話）
　5片
＊ 濃鹽水法（P.6）處理過
　的雞胸肉會更美味

1　將乾香菇泡水還原備用。米則洗淨浸泡，放在濾網上備用。

2　將乾香菇、牛蒡和紅蘿蔔切成2cm長的細絲。筍子切成薄片的銀杏狀。

3　將米和A的調味料放入電鍋，加水至3合的標準線為止再次攪拌。放入2即可進入炊煮模式。

4　將雞肉切成細條。以酒和醬油事先醃漬調味，放入熱水快速汆燙。四季豆用鹽水燙過備用。

5　飯煮好之後，放上4的雞肉，上蓋，蒸煮約10分鐘。盛盤，放上切成細絲的四季豆。

MARINATED GRILLED CHICKEN
AND VEGETABLES
醬泡雞肉和黃綠色蔬菜

不只是雞胸肉，秋葵或是南瓜等蔬菜也充分入味，絕妙的美味。
食材煎好之後，馬上放入調味料裡浸泡。
醃汁使用市售的麵醬汁會更方便製作。

材料 (2人份)

雞胸肉 *1　1片 (300 g)

秋葵　4根

紅椒　1顆

南瓜　1/6顆

太白粉　適量

A　麵醬汁 *2　150 ㎖
　　砂糖　2小匙

橄欖油　1大匙

*1　廚房紙巾包裹法 (P.7) 處理過的雞胸肉

*2　可以調整濃度的麵醬汁

1　將雞肉削切，裹上太白粉。將秋葵蒂頭附近削除。將紅椒和南瓜切成一口大小。

2　將 A 放在調理盤裡混合備用。

3　將橄欖油倒入平底鍋裡，以中火加熱，放入雞肉、秋葵、紅椒和南瓜，充分煎至熟透為止。

4　趁熱放入2浸漬，靜置到冷卻為止。

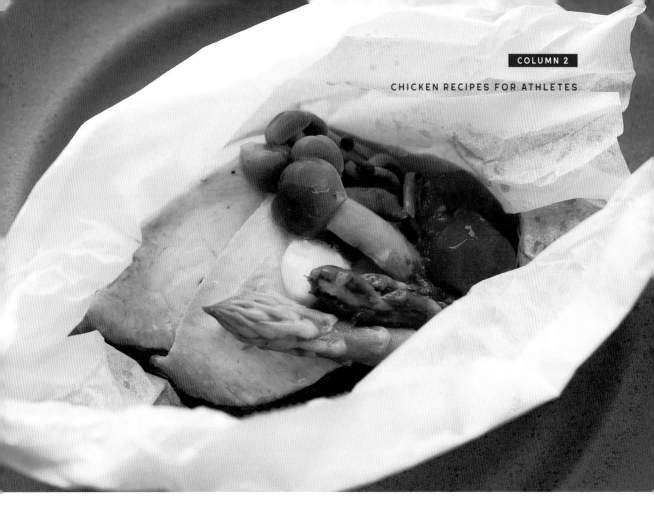

CHICKEN AND SUMMER VEGETABLES EN PAPILLOTE
紙包雞肉蒸蘆筍

用可以食用的紙包裹，鮮美成分不會流失。
用微波爐製作雖然很簡單，為了避免受熱不均勻，
請一人份一人份地分開製作。
趁熱放入醬油和奶油，享受散發的香氣。

材料（2人份）
雞胸肉 *　1片（300 g）
蘆筍　4根
小番茄　6顆
鴻禧菇　1/2包
橄欖油　1小匙
醬油　2小匙
奶油　適量
胡椒　少許
* 廚房紙巾包裹法（P.7）處理過的雞胸肉

> **有益健康的理由**
>
> 蘆筍具有可以增強能量的天門冬醯胺（asparagine）和可以減輕壓力的 γ-胺基丁酸（GABA）。在增強體力的同時，也可以放鬆，讓身體得到適當的休息。雞胸肉則具有消除疲勞的效果，千萬不要錯過。

1 將雞肉整體揉進橄欖油，削切。將蘆筍切成3～4cm長。小番茄切成一半。鴻禧菇切掉根部，分成小株。

2 一人份一人份地包好。在烘焙紙塗上少量的奶油，放上一半份量的1，將烘焙紙摺起封口。另一個也以相同的方法製作。

3 一人份一人份地加熱。用微波爐加熱約2分鐘。一邊觀察加熱的狀態，如果沒有熟透，可以繼續加熱。剩下的一份也以相同方法製作。

4 打開烘焙紙，趁熱加入1小匙的醬油和奶油，撒上胡椒。

ROAST CHICKEN AND VEGETABLES
烤雞和烤蔬菜

在濃鹽水裡放入香味蔬菜的話，
酥脆的烤雞不僅口感鮮嫩，風味更是十足。
和蔬菜一起用烤箱烘烤，意外地簡單。
一次做多一點的話，用來招待客人也很適合。

材料（2人份）

雞胸肉 1片（300g）	蒜頭 1片
馬鈴薯 1顆	香味蔬菜* 適量
白花椰菜 1/2顆	橄欖油 1大匙
櫛瓜 1根	胡椒 少許
紅蘿蔔 1/4根	A 橄欖油 2大匙
濃鹽水液	鹽 1/2小匙
｜鹽 2小匙	｜胡椒 少許
｜砂糖 1大匙	* 紅蘿蔔的皮或是洋蔥
｜水 1杯	的皮等

1 在雞肉的中間劃出切口。將濃鹽水液、蒜頭和香味蔬菜放入密封夾鏈袋，再放入雞肉。讓整塊雞肉都浸泡在濃鹽水裡，擠出空氣，放入冰箱冷藏24小時（P.6）。

2 取出雞肉瀝乾湯汁，在整塊雞肉塗橄欖油，撒上胡椒。

3 將馬鈴薯帶皮切滾刀塊。白花椰菜分成小株。櫛瓜切成4等份4cm長的條狀。紅蘿蔔則切成8等份4cm長的條狀。

4 將A裹在3的蔬菜上，和2的雞肉一起放在烤箱的烤盤裡，以220度烘烤約20分鐘。取出靜置約10分鐘，再盛盤。

HOT AND SOUR SOUP
酸辣湯

酸味和辣味會讓身體瞬間甦醒的酸辣湯。
醋加熱過後酸味會揮發，因此熄火後再加醋。
剛剛好的濃稠感，也具有暖化身體的效果。

有益健康的理由

醋裡的胺基酸可以幫助胃酸分泌促進消
化，增進食欲。醋酸也具有消除疲勞的效
果。辣油的辣椒成分可以促進血液循環，
鬆弛肌肉。在中國，當成一道藥膳料理廣
為人知。

材料（2人份）

雞胸肉 * 120g	醬油、酒 各2小匙	
豆腐 1/6塊（約60g）	太白粉 1 1/2小匙	
紅蘿蔔 1/5根（30g）	醋 1大匙	
乾香菇 2朵	辣油 1小匙	
雞蛋 2顆	韭菜 適量	
中華高湯 500ml	* 濃鹽水法（P.6）處理	
鹽 1/2小匙	過的雞胸肉會更美味	

1 將乾香菇泡水還原。將雞肉、豆腐、紅蘿蔔和乾香菇切成4cm長的細絲。韭菜切成3cm長。

2 將中華高湯、鹽、胡椒和酒放入鍋裡，開大火煮沸。再放入雞肉、豆腐、紅蘿蔔和乾香菇，調成稍微弱一點的中火，燉煮約5分鐘。

3 將太白粉和1大匙的水放入小容器裡攪拌，再淋入鍋裡，勾芡。淋入蛋液，放入醋和辣油。盛盤，放上韭菜。

INFORMATION

洛杉磯本地商店食物

從自家開車到洛杉磯的球場只需要15分鐘的車程,非常近。
當成送給大谷翔平的健康餐的小贈品,順便考察球場的美食。
在這裡,雞胸肉料理也很受歡迎喔!

想要看看大谷翔平選手活躍在球場上的英姿,今年去了20幾次球場

為了不要錯過大谷翔平的出場,特別是登板日一定會驅車前往球場觀看。幸運的是家裡離球場很近,很容易到達,一個月會去上3、4次的球場,已經變成很熟悉的場所。照片裡是球場裡人來人往最多的主要通道,在我最喜歡的大谷選手的人像看板前留下的紀錄。因為是美國大聯盟的大明星,因此球場內隨處可見大谷選手的照片。更不用說紀念品裡還有大量大谷選手的周邊商品。

安那罕天使球場(Angel Stadium of Anaheim)的雞柳條很受歡迎

我喜歡的天使球場的美食,是軟式炸雞。雞胸肉的點心。在球場的食物商店數量數也數不清,在這當中最受歡迎的就是照片中這家商店,主要是賣軟式炸雞。照片上穿著大谷選手的制服,一身應援裝扮氣息的是我們家的女兒。和家人朋友看棒球比賽的快樂,是我在加州生活不可或缺的要素。

快速油炸的軟式炸雞,可以品嘗到雞胸肉的多汁

球場裡的軟式炸雞,不只是很受歡迎,而且意外的好吃。雞肉經過事前充分醃漬,雞胸肉濕潤柔軟。厚一點的麵衣酥脆,不管幾個都吃得下。照片裡是最小尺寸的包裝,裡面有4塊炸雞,附上炸薯片,大約15美元。搭配上加州朗朗的晴空,一邊為最喜歡的大谷選手加油,一邊享用炸雞和啤酒,是至高無上的享受。

不管是哪一種調理方法，都可以做出美味的料理，雞胸肉本身的風味比較清淡，任何稍微重一點的調味都適合。也是當成下酒菜最適合的食材。只要有美味的下酒菜，就能一直邊喝邊聊。活用基本款沙拉雞肉或是水煮雞肉，所製作而成自信滿滿的17道下酒菜。

3

APPETIZERS

下酒菜

CHICKEN STICKS
炸雞柳條

將切成棒狀的雞肉裹上麵衣，炸得酥酥脆脆。
因為有裹上美乃滋，炸過之後也不會乾柴，
雞胸肉還是保持濕潤柔軟的口感。

材料（2人份）
雞胸肉 *　1片
胡椒　少許
美乃滋　50g
麵包粉　適量
炸油　適量
巴西利　少許
* 濃鹽水法（P.6）處理過的雞胸肉更美味

1　以切掉雞肉纖維的方式，將雞肉切成1cm見方、5cm長的棒狀。
2　將麵包粉隔著包裝袋直接揉捏，讓麵粉的顆粒更細。雞肉撒上胡椒，裹上美乃滋，再裹上麵包粉（POINT 1）。
3　將炸油加熱至170度（中溫），放入2油炸（POINT 2）。撈起放在網架上讓餘溫繼續加熱。
4　盛盤，放上巴西利，將3種醬料的材料（參照 MEMO）分別攪拌均勻一起盛盤。

MEMO

- **番茄醬**（右上）：2大匙番茄醬、1大匙伍斯特醬、1小匙檸檬汁
- **咖哩美乃滋醬**（左）：3大匙美乃滋、1小匙咖哩粉、少許胡椒
- **蜂蜜芥末醬**（下）：粗粒黃芥末醬2大匙、蜂蜜1大匙、1/3小匙鹽、少許胡椒

POINT 1

取代蛋液，裹上美乃滋。

POINT 2

炸至金黃上色為止。

BANH MI

越式三明治

源自於越南的法國麵包三明治。
以異國風味調味料事先醃漬、烤出的雞肉，
和酸甜的白蘿蔔、紅蘿蔔和香菜夾進麵包裡。
也很適合配啤酒。

POINT

在紅蘿蔔和白蘿蔔上放
雞肉。

材料（4條份）

雞胸肉 * 1片（300g）	鹽 1小撮
法國麵包（軟式） 4小條	奶油、美乃滋 各適量
紅蘿蔔 30g	香菜 適量
白蘿蔔 60g	* 廚房紙巾包裹法（P.7）
A 魚露、伍斯特醬、蜂蜜、	處理過的雞胸肉
砂糖 各1/2大匙	
沙拉油 1小匙	
醋、砂糖 各1大匙	

1　將雞肉削切成片狀。將 A 攪拌混合，揉捏進雞肉裡，靜置約1小時。將沙拉油倒入平底鍋，以中火加熱，一邊翻面一邊煎雞肉。

2　將紅蘿蔔和白蘿蔔切成5cm長的細絲。撒上醋、砂糖和鹽，靜置約10分鐘，瀝乾水分。

3　將法國麵包切出切口，在內側塗上奶油。依序夾入紅蘿蔔、白蘿蔔、雞肉和香菜，擠上美乃滋（POINT）。切成方便食用的尺寸。

CHICKEN TORTILLA WRAPS

捲 餅

源自於墨西哥的捲餅，在美國也很受歡迎。
撒上紅椒粉再煎過的雞肉，
再放上的番茄莎莎醬和酪梨醬，則是方便製作的份量。

POINT

一邊煎，一邊翻面 4 ～
5 次。

材料（2片份）

雞胸肉 *　1/2片（150g）	酪梨醬
捲餅　2張	酪梨　1顆
捲葉生菜　2片	洋蔥（切末）　1/4顆份
紫洋蔥（切薄片）　1/4顆份	蒜頭（切末）　1片份
酸奶油　1 1/2 大匙	鹽　1/3小匙
番茄莎莎醬	檸檬汁　1小匙
番茄　1顆	胡椒、紅椒粉　各少許
洋蔥　1/4顆	橄欖油　2小匙
蒜頭（切末）　1片份	A	鹽、紅椒粉　各1/3小匙
香菜（切末）　2枝份	胡椒、香蒜粉　各少許
鹽　1/2小匙	＊ 廚房紙巾包裹法（P.7）處理
胡椒、tabasco　各少許	過的雞胸肉

1　製作番茄莎莎醬。將番茄和洋蔥切成1cm方塊，和蒜頭、香菜混在一起，放入鹽、胡椒和tabasco拌勻靜置約30分鐘。

2　製作酪梨醬。用叉子將酪梨搗碎，將洋蔥和蒜頭混在一起，再放入鹽、檸檬汁、胡椒和紅椒粉拌勻。

3　將雞肉削切成片，裹上A的調味料。將平底鍋以中火加熱，倒油放入雞肉煎，一邊翻面一邊煎至熟透（POINT）。

4　在捲餅鋪上方便食用撕過的捲葉生菜，再依序包進番茄莎莎醬、雞肉、酪梨醬、紫洋蔥和捲葉生菜。

FRESH SPRING ROLLS WITH CHICKEN

雞肉生春捲

餐桌上華麗異國料理的定番。

材料（2人份）
基本款沙拉雞肉（P.64）* 　150g
小黃瓜 1/3根（40g）
紅蘿蔔 1/4根（40g）
韭菜 1根
捲葉生菜 2片
米紙 2片

A｜魚露 1大匙
　｜砂糖、檸檬汁 1/2大匙
B｜甜辣醬 2大匙
　｜魚露 1小匙
* 使用相同份量的水煮雞肉
　（P.72）也可以

1　將沙拉雞肉撕成細絲。將小黃瓜和紅蘿蔔切成細絲。韭菜切成一半的長度。用 A 將小黃瓜和紅蘿蔔拌勻。米紙泡水還原。
2　一片一片製作。在一片米紙上，放上一半份量的捲葉生菜、沙拉雞肉、韭菜、瀝乾湯汁的小黃瓜和紅蘿蔔，再壓實捲起來。另一片也以相同方式製作。
3　將2切成方便食用的尺寸，盛盤，將 B 攪拌混合一起盛盤。

CHICKEN AND SHRIMP TOAST

雞肉蝦炸吐司

在麵包塗上絞肉和蝦子的抹醬，再油炸。

材料（2人份）
雞胸絞肉 150g
蝦仁 150g
吐司 2片

A｜蒜頭 1片
　｜蛋液 1大匙
　｜酒 1小匙
　｜鹽 1/3小匙
　｜砂糖、胡椒 各1小撮
香菜、炸油 各適量

1　將去掉腸泥的蝦仁和 A 使用食物調理機攪拌。
2　將絞肉加入1，再次攪拌。
3　將1片吐司切成4等份的三角形，塗上2，再放上香菜。
4　將炸油加熱至170度（中溫），放入3炸至酥脆。

CHICKEN SATAY
雞肉沙嗲

花生醬濃厚的風味和雞胸肉正對味。

材料（4串份）
雞胸肉 *　1片（300g）
蒜頭（磨泥）　1片份
薑（磨泥）　1片份
A｜花生醬、砂糖　各2大匙
　｜魚露　1大匙
香菜　少許
* 濃鹽水法（P.6）處理過的雞胸肉更美味

1　將雞肉切成一口大小，揉進蒜頭和薑。
2　將 A 攪拌混合，再揉進1的雞肉裡醃漬。
3　將2串上竹籤，烤魚烤爐以中火加熱，放入
　　肉串烤至熟透。烘烤途中可以塗上剩下的 A
　　醬料。盛盤，放上香菜。

BBQ CHICKEN
雞肉 BBQ

用放入蜂蜜的甜辣醬醃漬再燒烤。

材料（4串份）
雞胸肉 *　1片（300g）
洋蔥　1/3顆
紅椒　1/3顆
櫛瓜　1/3根
A｜番茄醬　4大匙
　｜中濃醬　2大匙
　｜蒜頭（磨泥）　1小匙
　｜蜂蜜、粗粒黃芥末醬　各1小匙
　｜胡椒　少許
* 濃鹽水法（P.6）處理過的雞胸肉更美味

1　將雞肉和蔬菜切成大一點的一口大小。
2　將 A 的材料攪拌混合。再將雞肉和蔬菜醃
　　在 A 裡約1小時備用。
3　將2瀝乾醬汁，串入 BBQ 叉。以中火加熱
　　烤魚烤爐，放入肉串烤至熟透為止。途中邊
　　塗上多餘的醬料約2次邊烤。

CHICKEN AND WOOD EAR MUSHROOM SALAD

涼拌雞肉木耳

用甜醋涼拌清爽的沙拉雞肉。

材料（2人份）
基本款沙拉雞肉（P.64）* 150g
黑木耳（乾燥）10g
豆芽 100g
小黃瓜 1/3根
A｜醬油、醋 各1大匙
　｜砂糖、芝麻油 各1小匙
　｜青蔥、薑（切末）各2小匙
　｜豆瓣醬 少許
* 使用相同份量的基本款水煮雞肉（P.72）也可以

1 將黑木耳泡水還原，切成一口大小。將豆芽放入耐熱容器，封上保鮮膜用微波爐加熱約40秒，冷卻備用。將沙拉雞肉切成一口大小。小黃瓜切滾刀塊。

2 將A的材料充分攪拌，加入1拌勻。

KOREAN CHICKEN SALAD

韓國風沙拉

將煎過的雞肉用萵苣或是芝麻葉捲起來。

材料（2人份）
雞胸肉 * 1/2片（150g）
紅葉萵苣 4片
芝麻葉 8片
長蔥（白色部分）1/2根
苦椒醬 2大匙
A｜醬油、味醂、酒 各2小匙
沙拉油 1小匙
* 濃鹽水法（P.6）處理過的雞胸肉更美味

1 將雞肉削切成片，用A事先醃漬調味。將沙拉油倒入平底鍋，以中火加熱，放入雞肉一邊翻面一邊煎。

2 將紅葉萵苣撕成大一點的片狀。青蔥切成5cm長的細絲。

3 盛盤，在紅葉萵苣、芝麻葉放上雞肉和青蔥絲，捲起來沾苦椒醬食用。

CHICKEN AND SHREDDED POTATO SALAD

涼拌雞肉馬鈴薯

雞胸肉搭配脆脆的馬鈴薯絲。

材料（2人份）
基本款沙拉雞肉（P.64）* 150g
馬鈴薯 1顆（200g）
香菜 5～6根
蒜頭（磨泥） 1片份
芝麻油 2大匙
A 砂糖 1/3小匙
　 醬油、鹽 各1/4小匙
　 胡椒 少許
* 相同份量的基本款水煮雞肉（P.72）也可以

1 將沙拉雞肉撕成絲。香菜切成2cm長。馬鈴薯切絲，用鹽水燙10秒鐘再瀝乾水分。

2 將蒜泥、芝麻油放入調理碗裡攪拌，加入A再次攪拌。將沙拉雞肉、香菜和充分瀝乾水分的馬鈴薯加入拌勻。

CHICKEN AND CARROT NAMUL

雞肉紅蘿蔔韓式小菜

紅蘿蔔用微波爐加熱OK。使用沙拉雞肉美味度上升。

材料（2人份）
基本款沙拉雞肉（P.64）* 150g
紅蘿蔔 1根
鹽 1/3小匙
砂糖 1小撮
芝麻油 1/2小匙
芝麻粉 1小匙
* 相同份量的基本款水煮雞肉（P.72）也可以

1 將沙拉雞肉撕成5cm長的細絲。

2 將紅蘿蔔切成5cm長的條狀，稍微過水，包上保鮮膜，用微波爐加熱約20秒。趁熱撒上鹽和砂糖攪拌，和沙拉雞肉拌在一起。

3 降溫之後，加入芝麻油和芝麻粉拌勻。

CHICKEN CUTLET ON A STICK
雞肉紫蘇梅串炸

用切成薄片的雞肉包捲紫蘇、梅肉和起司，做成串炸。

材料（2串份）

雞胸肉＊　1/2片(150g)
紫蘇　2片
再製起司　30g
梅肉　1大匙
A　蛋液　1/2顆份
　　低筋麵粉　3大匙
　　水　1小匙

麵包粉　適量
炸油　適量
中濃醬汁　適量
＊　廚房紙巾包裹法(P.7)
　　處理過的雞胸肉

1　將雞肉半冷凍，切成4等份大一點的薄片。紫蘇對半切。再製起司切成4等份的條狀。

2　將1片雞肉塗上1/4份量的梅肉，再依序放上1/2片的紫蘇、1片再製起司，捲起來插入竹籤。剩下的3片雞肉也以相同的方式製作。一根竹籤串上2片雞肉。

3　將A攪拌混合，放入2沾裹，再裹上麵包粉。

4　將炸油加熱至170度(中溫)，放入3油炸至上色為止。盛盤，和醬汁一起上桌。

CHICKEN TEMPURA
雞肉天婦羅

雞肉的天婦羅充分釋出薑的風味。

材料（2人份）

雞胸肉＊1　1片(300g)
A　薑(磨泥)　2小匙
　　酒　2小匙
　　高湯醬油＊2　2小匙
天婦羅粉(市售)　100g
冷水　150㎖
低筋麵粉　適量

炸油　適量
＊1　廚房紙巾包裹法(P.7)處理過的雞胸肉
＊2　以1小匙醬油替代使用

1　將雞肉削切成片，將A揉捏進雞肉裡，放入冰箱冷藏約半天。

2　將冷水加入天婦羅粉裡，攪拌至沒有結塊、均勻的狀態為止，做成麵衣。瀝乾雞肉的湯汁，裹上薄薄一層低筋麵粉。

3　將炸油加熱至170度(中溫)，再將2的雞肉裹上麵衣後放入油炸。

CHICKEN AND CRAB STICK SALAD

雞肉蟹肉棒佐醬油醋

加上小黃瓜和茗荷，清爽風味的下酒菜。

材料（2人份）
基本款沙拉雞肉（P.64）* 150g
蟹肉棒 50g
小黃瓜 1根
茗荷 1/2個
A ┃ 醬油、醋 各1大匙
　┃ 砂糖 1/2大匙
　┃ 鹽 1/4小匙
* 相同份量的基本款水煮雞肉（P.72）也可以

1 將沙拉雞肉和蟹肉棒撕成絲。將小黃瓜和茗荷斜切成條狀。

2 將沙拉雞肉、蟹肉棒和小黃瓜盛盤，再將A攪拌混合淋上，放上茗荷。

CHICKEN AND KOMATSUNA-SPINACH IN JAPANESE BROTH

雞肉小松菜浸漬

令人安心的和式風味。運用油豆腐增加口味的厚度。

材料（2人份）　　　麵醬汁 *2 300㎖
雞胸肉 *1　　　　　*1 廚房紙巾包裹法（P.7）
　1/2片（150g）　　　　處理過的雞胸肉
小松菜 3株　　　　*2 麵醬汁的濃度可以調整
油豆皮 1/2片
太白粉 適量

1 將雞肉削切成片，裹上太白粉。首先，將雞肉用鹽水快速燙一下，馬上撈起。

2 將1鍋裡的浮沫濾除，快速燙一下小松菜，瀝乾水分放涼。確實擰乾水分，切成3cm長。在同一個鍋裡，放入油豆皮快速燙一下，燙掉油分，取出切成細條狀。

3 在另一個鍋裡放入麵醬汁，煮沸，再放入雞肉、小松菜和油豆皮，浸泡到降溫為止。

CHICKEN AJILLO

西班牙油蒜雞肉

用大量的橄欖油煮雞肉和蔬菜，
具有代表性的西班牙下酒菜。
滿滿的蒜頭和鯷魚的鮮美醇厚。
鮮美成分釋放在橄欖油裡，用法國麵包蘸著食用。

POINT

倒入可以蓋過整體食材
的橄欖油。

材料（2人份）
雞胸肉 *　180g
蘑菇　4朵
蘆筍　4根
鯷魚（整片）　2片
蒜頭　2片
辣椒　1根
迷迭香　1/2枝
橄欖油　適量
鹽、胡椒　各少許
* 濃鹽水法（P.6）處理過的雞胸肉更美味

1　將雞肉切成一口大小。如果蘑菇比較大朵的話，直向對切。
　　蘆筍切成4cm長。蒜頭切成薄片。辣椒撕成一半去籽。

2　將1、鯷魚和迷迭香放入小鍋裡，倒入可以蓋過食材份量的
　　橄欖油（POINT）。

3　以小火加熱約15分鐘燉煮。以鹽和胡椒調味。

CHICKEN PIZZAIOLA

義大利比薩式番茄雞肉排

在切開成薄片的雞肉，
放上比薩風的食材，
淋上大量的醬汁和起司再煎。
濃厚的比薩醬汁和起司可以襯托出清淡風味的雞肉。

將炒過的蔬菜鋪開。

材料（2人份）

雞胸肉 *　1片（300g）

洋蔥　1/2顆

蘑菇　4朵

蒜頭　1片

比薩醬（市售）　100g

起司片（會融化的款式）　4片

胡椒　少許

橄欖油　1大匙

白酒　1大匙

羅勒葉　少許

* 濃鹽水法（P.6）處理過的雞胸肉更美味

1　將雞肉去皮，以觀音開（P.9）的切法切成5mm的厚度，撒上胡椒。洋蔥切成薄片，蘑菇和蒜頭切成薄片。

2　將橄欖油放入平底鍋，以中火加熱，放入洋蔥、蘑菇和蒜頭，炒至洋蔥軟化後取出。

3　平底鍋以中火加熱，放入雞肉攤開，稍微煎一下後翻面。將2鋪在雞肉上（POINT）。淋上比薩醬，放上起司，倒入白酒，上蓋，蒸煮至起司融化為止。盛盤，放上羅勒葉。

雞胸肉料理研究室

增肌減醣必學！74 道鮮嫩多汁料理

作　　者｜中村奈津子
譯　　者｜J.J.CHIEN（男子製本所）
企劃編輯｜黃文慧
責任編輯｜J.J.CHIEN（男子製本所）
裝幀設計｜J.J.CHIEN（男子製本所）
校　　對｜呂佳真

出　　版｜晴好出版事業有限公司
總 編 輯｜黃文慧
副總編輯｜鍾宜君
編　　輯｜胡雯琳
行銷企劃｜吳孟蓉
地　　址｜231023新北市新店區民權路108-4號5樓
網　　址｜https://www.facebook.com/QinghaoBook
電子信箱｜Qinghaobook@gmail.com
電　　話｜(02) 2516-6892
傳　　真｜(02) 2516-6891

發　　行｜遠足文化事業股份有限公司（讀書共和國出版集團）
地　　址｜231023新北市新店區民權路108-2號9樓
電　　話｜(02) 2218-1417
傳　　真｜(02) 2218-1142
電子信箱｜service@bookrep.com.tw
郵政帳號｜19504465（戶名：遠足文化事業股份有限公司）
客服電話｜0800-221-029
團體訂購｜(02) 2218-1717 分機1124
網　　址｜www.bookrep.com.tw
法律顧問｜華洋法律事務所／蘇文生律師
印　　製｜凱林印刷
初版一刷｜2025 年 2 月
定　　價｜380 元
ＩＳＢＮ｜978-626-7528-68-6
EISBN(PDF)｜978-626-7528-67-9
ISBN(EPUB)｜978-626-7528-66-2

日文版製作團隊
取材構成　　西前圭子
攝　　影　　合田昌弘
食物造型　　澤入美佳
藝術指導　　藤崎良嗣 pond inc.
裝幀設計　　濱田樹子 pond inc.
校　　對　　滄流社
編　　輯　　泊出紀子
調理助理　　森田いずみ
　　　　　　田中奏絵
　　　　　　千倉留里子
　　　　　　土肥愛子
　　　　　　野寺和花
　　　　　　林 美和子
　　　　　　吉田留合
特別感謝　　古賀純二
　　　　　　佐川久子
　　　　　　神谷よしえ
攝影協力　　UTUWA
　　　　　　株式会社チェリーテラス
　　　　　　http://www.cherryterrace.co.jp
　　　　　　富士ホーロー株式会社
　　　　　　http://fujihoro.co.jp

國家圖書館出版品預行編目（CIP）資料

雞胸肉料理研究室：增肌減醣必學！74道鮮嫩多汁料理/
中村奈津子作；J. J. Chien譯. -- 初版. -- 新北市：晴好
出版事業有限公司出版：遠足文化事業股份有限公司發
行, 2025.02　96面；19×26公分
ISBN 978-626-7528-68-6(平裝)

1.CST: 肉類食譜 2.CST: 雞

427.221